新しい経営学❸

農山漁村地域で働き生きるための
経営学入門

地域住民の満足と地域づくり戦略

齊藤毅憲・渡辺 峻 編著

文眞堂

生きるために学び、学ぶために生きよ

　本書は生き学（イキガク）としての「新しい経営学シリーズ」の第3巻である。

　第1巻では、21世紀を個々人が働き生きていくには、自分の価値観・人生観を大切にして自己責任でキャリアプランを決定・実行する重要性を示した。第2巻では、働くことは企業に「雇われて働く」だけがすべてではなく、みずから起業・自営することも重要であり、キャリアやライフの選択肢は多岐にわたることを主張した。

　この第3巻では、都市地域の企業に「雇われて働く」生活を見直し、農山漁村地域（故郷、田舎、古里）にUターン、Iターンして、みずから仕事をつくりだし自律的に働き生きるという考え方が重視される。そして、過疎化した農山漁村地域においても、生きがい・やりがいを感じる働き方・生き方ができることを示している。

　農山漁村地域の過疎化と都市地域の過密化は、1960年代以降の高度経済成長の過程で始まった。その時期に日本企業は大きく発展したが、重工業を中心に多くの労働力を必要としたため、企業が活動する都市地域に人口が集中して過密化が進んだ。他方、農業などの第一次産業が衰退するとともに、農山漁村地域では、若者の多くが都市地域に流出して企業に「雇われて働く」人になり、人口は減少して過疎化が進んだ。

　しかし、過疎化の農山漁村地域にも、いま新しい動きが生まれている。それは都市地域の企業に「雇用されて働く」ことや「生活の質の向上」の意味が根本的に問い直され、個々人の働き方・生き方が大きく変貌しているからである。

　日本企業は高度経済成長期には「エクセレント・カンパニー」（超優良企業）ともいわれたが、1990年代初頭のバブル経済の崩壊のあと、長期にわたる深刻な不振の状態におちいり、経営を悪化させた。そして、産業構造の変化や事業再構築の進展のなかで、多くの大企業が倒産・破産・消滅し、大企業に「雇われて働く」なら安心という「大企業神話」も崩壊した。

　また、終身雇用・年功序列の雇用慣行は崩壊し、派遣社員・契約社員などの非正規社員のウエートを増加させ、若い世代までも雇用調整（雇用リストラ）の対象にされて、企業に頼りきって生きることができなくなった。その結果、個々人がみずからの意思と選択で働き生きていく時代が到来した。そして、人びとの価値観・職業意識は多様化し、働き方・生き方も多様化してきた。

　このような動向を背景に、近年、農山漁村地域にUターンやIターンする人びとが増えている。かれらは過疎地域においても、みずから仕事をつくりだして自律的に働き生きている。そして、生きがい・やりがい（満足感）を感じて生活の質を向上させ、そのような人びとの活動・生活そのものが地域の活性化への貢献になる。それとともに、自律的な人

にとって、過疎化した農山漁村地域は主体的に参加・関与できる場であり、自己成長・自己実現の場でもある。

本書は未開拓の「地域経営学」の創造をも意図しているが、重要なコンセプトは「地域住民の満足」である。それは住民が住んでいる地域で自律的に働き生きることで得られる満足感であり、その地域への愛着心や定住意識・貢献意欲を左右する。それはまた「生活の質の向上」であり、「地域の活性化・再生」の意味である。

本書で強調したいもうひとつの点は、いま農山漁村地域で産業が再生に向けて力強い「自立的な志向性」を見せていることである。人口が減少し、産業も衰退しているが、地域住民の力で変革・再生しようとする動きが芽生えている。このような変革・再生の過程は、自律的に働き生きようとする人びとにとっては絶好の「チャンス」を意味している。表層的には絶望的に見えても、現在の農山漁村地域の産業には無限の可能性があり、目に見えないところで新しい芽が確実に生まれている。

以上が「生き学」としての新しい経営学の基本的な趣旨である。読者が本シリーズを読んで、変化の激しい 21 世紀を生き抜くための自信を少しでも得られたとすれば、編者としてこれにまさる喜びはない。

本書はまた、教科書づくりの改善を試みている。編者らは『はじめて学ぶ人のための経営学入門』、『はじめて学ぶ人のための人材マネジメント入門』（いずれも文眞堂）で、アクティブ・ラーニングの立場から、学生の積極的な参加をうながすスタイルをとったが、本書も同じ立場で作成している。学習内容の整理だけでなく、考えたり、調査する課題を提示して、学生諸君の学習支援に配慮している。

本書刊行のキッカケは全国ビジネス系大学教育会議における議論であり、そこから多くを学んでいる。この機会に、同会議の先輩・友人の諸氏に感謝を捧げたい。

本書は経営学においては未開拓の分野であり、先行研究というべきものはきわめて少なく、記述の多くは web 上のホームページや各種のメディアの情報を参考にしている。講義テキストであるので、それらをリスト・アップしていないことをあらかじめお断りし、関係者各位のご理解を頂戴したい。また、執筆協力者に心から感謝したい。

終りになるが、きわめて挑戦的な試みに対して温かいご理解を示し、本書刊行の機会をくださった文眞堂に心から感謝している。とくに、格別のご高配をいただいた前野隆社長、前野眞司編集部長に感謝の意を表明したい。また、編集実務で種々お世話になった山崎勝徳さんに厚く御礼を申し上げたい。

2018 年 5 月

齊藤毅憲・渡辺　峻

目　次

生きるために学び、学ぶために生きよ………………………………………… i

第1章　農山漁村地域と地域住民の満足 …………………………… 1

第1節　生き学としての「地域経営学」 2

(1) 地域経営学の可能性　2

(2) 環境適応のマネジメント　2

(3) 前提になる地域住民の貢献　3

(4) 「地域住民の満足」と「生活の質」　3

(5) 見直される都市地域の生活　4

第2節　「地域住民の満足」の主な内容　5

(1) 人間の生き方・働き方と「満足」　5

(2) 「働く場」の創出と生きがい　5

(3) 自己管理と余暇時間の充実　6

(4) 生活インフラの創出と整備　7

第3節　伝統的文化と地域住民の満足　8

(1) 農山漁村地域に根ざす伝統的文化　8

(2) 「祭事」の効用　8

第4節　まとめ　9

経営学のススメ①
生き学の対象としての「地域づくり」と「問題の発見」　13

第2章　「自己成長の場」としての農山漁村地域 …………………… 15

第1節　農山漁村地域での働き方・生き方　16

(1) 農山漁村地域で働くという選択肢　16

(2) 新しい働き方の登場　17

（3）　農山漁村地域で生きることの意味　18

第2節　農山漁村地域の現状分析　19

（1）　農村の過疎化と都市の過密化　19
（2）　地域衰退による問題の顕在化　19
（3）　改善のなかでの問題点　20

第3節　自己成長の場としての地域　21

（1）　問題解決へのチャレンジ　21
（2）　チャレンジと自己成長・自己実現　22

第4節　まとめ　22

経営学のススメ②
地域づくりへのチャレンジ！　27

第3章　農山漁村地域と新たなワーキング・スタイル　………29

第1節　農山漁村地域へのUターン、Iターン　29

（1）　「開放性の文化」へのニーズ　29
（2）　Uターン、Iターンの推進　30
（3）　地方移住に向けての準備　31
（4）　地域住民から学ぶ　32

第2節　活性化の主体になろう！　33

（1）　推進者としての「ヨソ者、若者、バカ者」　33
（2）　マネジメントスキルの重要性　33
（3）　期待される女性の活躍　34
（4）　プロの「推進者」による地域づくり　34

第3節　地域外への仲間の拡大　35

（1）　新しい手法の活用　35
（2）　地域を越えた交流とネットワーク　36

第4節　まとめ　37

経営学のススメ③
地域づくりの文化と人材——必要なものはなにか——　41

第4章　「チャンスの場」としての地域産業 ……………………………43

第1節　地域産業の新たな挑戦　43

(1)　企業誘致政策からの脱却　43

(2)　地場産業の再生と地域資源の活用へ　44

(3)　「知多前」が意味するもの　45

(4)　ふるさと納税が多くなる理由　45

(5)　「自立的な志向性」が強い地域の特色　46

第2節　変わる農林業・漁業への期待　46

(1)　「収益」のあがる農業づくりへの転換　46

(2)　保護政策としての「減反政策」の終わりとブランド米の登場　46

(3)　農業生産法人の台頭とJAのイノベーション　47

(4)　「スマート林業」の活況化　48

(5)　漁業における特産品づくりの推進　48

第3節　地域製造業におけるイノベーション　48

(1)　"がんばる"地場産業の事例　48

(2)　伝統工芸品の可能性　49

第4節　「人を地域に呼びこむ」戦略　50

(1)　観光資源になる「歴史的資源」　50

(2)　重要な地域資源としての町並みや里山　50

(3)　地元の支持が大切！　51

第5節　まとめ　51

経営学のススメ④
地域産業を考えるための"地域資源"の意味　55

第5章　農山漁村地域のブランド品づくり··········57

第1節　「創発型の地域づくり」への転換　57

第2節　地域ブランドの意味　58

(1)　地域ブランドとはなにか　58

(2)　ふたつの地域ブランド　59

(3)　「地域団体商標制度」に登録された商品　59

第3節　地域ブランド創造のポイント　60

(1)　対象地域の検討　60

(2)　地域ブランドの「独自性」と「付加価値」　61

(3)　日常生活にあるヒント　62

(4)　自主性と消費者参加の必要性　62

(5)　地域生産者と消費者の相互信頼　63

第4節　地域イメージ・ブランドとの関係　64

(1)　地域ブランドと地域イメージ・ブランドの相乗効果　64

(2)　「地域ブランドに関するジレンマ」の解消　64

第5節　まとめ　65

経営学のススメ⑤
「山」と「島」に学び、活かす！　69

第6章　農林水産業の新たな挑戦··········71

第1節　農林水産業へのニューエントリー　71

(1)　農業への参入者の増加　71

(2)　林業に参入するベンチャー企業　72

⑶ 水産業への参入　73

第2節　農林水産業のイノベーション　73

⑴ 「スマート農業」の取組み　73

⑵ 林業の再生と活性化　74

第3節　農林水産業における「六次産業化」　75

⑴ 「六次産業化」というビジネスモデル　75

⑵ 農業における「六次産業化」の事例　75

⑶ 水産業における「六次産業化」の事例　76

⑷ 水産ブランド「日高見の国」の事例　76

第4節　農林水産業に参入する若い世代　77

⑴ 耕作放棄地の解消　77

⑵ "こだわり"農産物の開発　77

⑶ 山の幸と海の幸の発掘・育成　78

⑷ 「林業女子」の登場　78

第5節　まとめ　79

経営学のススメ⑥

「国力のいしずえ」となる農業とは？　83

第7章　農山漁村地域における多様な「モノづくり」 ………………85

第1節　農山漁村地域における中核的なモノづくり　86

⑴ 「とる漁業」から「つくる漁業」へ　86

⑵ 水産物の食品加工　86

⑶ 農産物の食品加工　87

⑷ 農水産物の「自立型モノづくり」　87

第2節　伝統工芸品の再生の動き　88

⑴ 地場産業としての伝統工芸品づくり　88

⑵ 伝統工芸品づくりのイノベーション　88

(3)　福島県におけるイノベーションの事例　89

第3節　地域経済の変化と「工業製品」　90

　　(1)　親企業に依存しないモノづくり　90
　　(2)　「自立型モノづくり」の成功事例　91
　　(3)　「モノづくり」を継続させる人材の確保　91
　　(4)　東日本大震災からの再生事例　92

第4節　まとめ　93

経営学のススメ⑦
　若者「推進者」の群像――あなたもなれる！　97

第8章　農山漁村地域における「モノを売る仕事」の再生 ……………99

第1節　農山漁村地域における商店　100

　　(1)　過疎地域における商店の現状　100
　　(2)　商店の減少と買物難民の増加　100

第2節　「買物難民」を解決する「移動スーパー」　101

　　(1)　「(株)とくし丸」のビジネスモデル　101
　　(2)　ソーシャル・ビジネスとしての特徴　103

第3節　若者参加による「モノを売る仕事」の再生　103

　　(1)　地域課題の解決　104
　　(2)　人材確保の問題　104
　　(3)　魅力づくり　105
　　(4)　ICTの活用　106
　　(5)　社会的な連携の強化　106

第4節　まとめ　107

経営学のススメ⑧
　「イベント」による地域づくり　111

第9章　観光による自立的な地域づくり ……………………………… 113

第1節　農山漁村地域の観光資源　114

(1) 「人を地域に呼びこむ」仕事の創出　114
(2) 地域の観光資源の発掘　114

第2節　農山漁村地域の観光動向　115

(1) グリーン・ツーリズムの実践　115
(2) 「食の観光」の推進　116
(3) 「コト体験」重視の観光　117
(4) 地域おこし会社の事例　118

第3節　持続的な地域観光発展の課題　118

(1) 地域間の広域連携　118
(2) 外部者による視点　119
(3) ICT 社会への対応　120
(4) 「チャンスの場」としての地域観光　120

第4節　まとめ　120

経営学のススメ⑨
観光──変化、効果、課題──　125

第10章　「生き学としての地域経営学」の構築にむけて ………… 127

第1節　「生き学としての経営学」の視点　128

(1) 自律的に働き生きる場としての「地域」　128
(2) 「地域」の存続・発展に貢献するという視点　128
(3) 「自立的な志向性」の顕在化と「チャンスの場」としての地域産業　129

第2節　農山漁村地域の衰退への対応　129

(1) 産業構造の変化と第一次産業の衰退　129
(2) 経済のグローバル化と第一次産業の衰退　130

（3） 少子高齢化の進展と限界集落の増加　130

（4） 農山漁村地域における「自然災害」の頻発　130

第3節　農山漁村地域を見る目の転換　131

（1） ワーキング・スタイルの多様化と農山漁村地域　131

（2） 都市地域で働き生活することの問題点　131

（3） 農山漁村地域でハッピーに生きる！　132

第4節　農山漁村地域の活性化の諸課題　133

（1） オープン・マインドの必要性　133

（2） 重要資源としての住民と「地域個性」の創出　134

第5節　まとめ　134

経営学のススメ⑩
農山漁村地域の良さを再認識しよう！　139

経営学のススメ⑪
地域経営学を学ぶために　141

◆ グロッサリー（用語解説） …………………………………………… 143
◆ さらに進んだ勉強をする人のための読書案内 …………………… 151
◆ 索引 ……………………………………………………………………… 152

《One Point Column》

▶「よき生き方」の探求を！　9

▶「ローカル人材」の視点こそが大切！　23

▶ 農山漁村地域を「自己実現の場」にしよう！　37

▶ 行きたくなるふるさと "ナンバー・ワン" はどこか　65

▶ 牧畜業もあるよ！　79

▶ 地域自慢の歌をつくってアピールしよう！　107

▶ 観光ボランティア・ガイドを経験してみよう！　121

▶ 地方自治体による地域づくり戦略のポイント　135

第1章

農山漁村地域と地域住民の満足

　どこで働き、いかに生きるかは個人の自由であるが、「大企業神話」が崩壊した現在、都市地域の企業に「雇われて働く」生活を見直し、「故郷」、「田舎」、「地方」に移住して、そこで企業などに頼ることなく、自律的に働き生きる人びとは少なくない。これらの人びとは、自分の関心ある農山漁村地域にUターン、Iターンして、みずから仕事を創出（新しくつくりだす）し、生きがい・やりがいを感じ、生活の質の向上を求めつつ、地域の活性化に貢献している。

　農山漁村地域の「活性化・再生」は緊急の課題であるが、地域の「活性化」とは、そこに住む地域住民が満足を感じ、生活の質を向上させ、いきいきと暮らすことである。その意味では、「過疎地域の活性化・再生」や「地域づくり」は、本シリーズの第1巻や第2巻と同様に、「生き学としての経営学」の重要テーマであり、「地域経営学」の構築につながる。

　本書を学習すると、以下のことが理解できるようになる。

① 農山漁村地域に働く場がなければ、みずから仕事を創出し、自律的に働き生きることが大切であり、それには住民の主体的な活動や貢献が前提である。これは「生き学としての経営学」の重要なテーマである。

② 過疎地域の「活性化」とは、主役（アクター）である住民が主体的に活動することで、生きがい・やりがいという「満足」を感じることであり、過疎地域の再生の条件である。

③ 「地域住民の満足」や「生活の質の向上」の具体的な内容とは、働く場の創出と生きがい、自由な時間と余暇の充実、生活インフラの創出と整備、などである。

④ 「祭り」などの伝統的文化・行事は、住民と地域との一体感を創出・強化し、住民の地域社会への愛着心や住民の地域満足などを向上させる条件であり、地域のもつ経営資源でもある。

NOTE

第1節 生き学としての「地域経営学」

⑴ 地域経営学の可能性

近年、急速に衰退して過疎化が進んだ地域で、仕事がなければみずから創出し自律的に働き生活し、その地域を再生・発展させるには、地域住民の主体的な活動と取組みが前提であり、経営（マネジメント）に関する知識が求められる。

経営学はもともと企業（営利組織）を研究の対象にしてきたが、現在では、その対象を大きく拡大し、行政組織やNPO法人（非営利組織）など、人間が行う多様な組織活動を含んでいる。当然のことながら、過疎地域で「みずから仕事を創出して自律的に働き生きる」という「地域活性化」、「地域づくり」も、経営学の視点で検討できるし、こんにちでは重要なテーマのひとつである。

もっとも、地域活性化や地域づくりは、住民の生き方・働き方に大きく関係する問題である。たとえば、既存の農業・漁業・林業などの第一次産業を新しい視点や発想によって再生し、また、地域にある貴重な経営資源を発掘・活用して新しいビジネスを立ちあげるのも、ひとつのワーキング・スタイルであり、「地域の活性化」のあり方である。

したがって、この問題も「生き学としての経営学」の重要なテーマであり、別のいい方をすれば、「地域経営学」の創造・構築の問題でもある。

⑵ 環境適応のマネジメント

地域に働く場がなければ、みずから仕事を創出して自律的に働き生活するには、最低限の経営の知識が不可欠である。経営は、簡単にいえば、「つくる」とか、「〜づくり」を意味するが、それには目的と手段を考える「計画」（プラン）と「設計」（デザイン）、それを具体化する「実践」（プラクティス）が含まれる。つまり、経営は計画・設計（プラン・構想）と、その実践（ドゥー・実行）、その評価（シー）からなる。

そして、この活動のなかで、内外の環境要因の変化によって、当初の計画・設計どおりの成果が得られないと気づいたときには、それをすみやかに「見直す」（評価）ことが必要になる。つまり、たえず環境に適応しつつ、目的や手段を見直し、計画・設計を「つくり直す」ことが必要であり、これをくり返すことで、目的が達成され、成果が得られる。

このように、経営は継続性をもっており、地域の再生とその持続的な発展のために

NOTE

は、継続的な環境適応が不可欠である。そして、農山漁村地域・過疎地域の活性化・再生にも、当然のことながら、持続的・継続的な環境適応のマネジメントが求められる。

⑶ 前提になる地域住民の貢献

地域の活性化や再生は、個々の住民の主体性によらずにありえない。つまり、自分の住む地域の発展に主体的に参加・貢献することが不可欠である。

本来、「地方自治体」は住民の自治を前提にして成立するが、それはまた民主主義の基礎である。その意味では、住民が地域で仕事がなければみずから仕事を創出し、自律的に働き生活するときには、「自治自立性」がなくてはならない。

行政組織が、生活インフラの整備などの面で地域づくりに果たす役割は大きいが、その場合にも、住民の主体的・自立的な行動や貢献は不可欠であり、前提になる。住民の知恵と力の結集こそが、「過疎地域の活性化」を推進するエネルギーである。

仮に、住民が「地元」（じもと）の問題に対して傍観者的あるいは他人まかせの態度をとれば、みずからの仕事もつくりだせず、地域に発生する種々の問題を発見・解決できないので、地域の活性化はありえない。

⑷ 「地域住民の満足」と「生活の質」

農山漁村地域で企業などに頼ることなく、自律的に働き生活することには、都市地域で「雇われて働く」生活では得られない別の固有の魅力があり、「満足」がある。しかも、その良さや魅力は多い。おいしい空気と水、心を和ませる緑の景観、自然との一体感、時間がゆったりと流れること、心が触れあう人間関係ができること、生活費が安くてすむこと、などはその例となる。

これは、農山漁村地域に暮らし、そこで自律的に働き生活することでのみ感じることのできる「地域住民の満足」（住民満足、community satisfaction of inhabitant：CSI）である。実際のところ、それを求めて働き生活する人が増加している。

「地域住民の満足」を別の言葉でいうと、「生活の質」（Quality of Life）の向上を意味する。地域における「生活の質」が向上すれば、地域住民の「満足」が長期的に確保されるだけでなく、定住意識が高まり、勤労意欲や生活意欲も高まる。そして、この地域の再生・発展のために行動する住民の貢献意欲も向上する。さらに、住民の

NOTE

地域に対する愛着心を強め、対外的にはその地域の「ブランド価値」も高まる。その結果、人口流出の歯止めとなり、むしろ、Uターン、Iターンして移住・定住する希望者が増加する。

地域活性化については、たとえば、「わが町に東京の企業がきて工場を新設した」、「新しい道路が整備されて便利になった」、「イベントを開催した結果、商店街にヒトがもどってきた」などと表現されることが多かった。もちろん、企業の誘致や道路などの環境整備は、活性化のひとつの典型的な出来事であり、地域社会にとって好ましいことである。

しかし、それらは、「活性化」の表層的な一面である。それらを通じて、地域の住民の暮らしが豊かになり、生きがいとやりがいなどを感じることが、真の活性化である。企業誘致や環境整備などは、あくまでも地域住民の満足や生活の質の向上のための手段であって、それ自体が最終目標ではない。このように「地域住民の満足」（住民満足）は、地域経営学における「コア・コンセプト（重要な考え方）」である。

⑸　見直される都市地域の生活

これまで日本では、都市地域への人口集中（過密化）と、農山漁村地域からの人口流出（過疎化）がつづき、多くの人びとが都市地域の企業に「雇われて働く」ことを選択してきたが、住民の「満足」や「生活の質」の観点からいえば、それが、大きく見直されつつある。

一般に、都市では働く場があり、所得も高い。そして、たしかに便利である。しかし、自然は少なくなり、空気は汚染され、夜空も見えない。交通は混雑して身動きが自由にできない。そして、近隣の人でさえ交流がなく、人間関係も希薄になっている。

くわえて、全体として仕事に追われたせかせかした働き方になっており、近年の大企業ではサービス残業の常態化やストレスフルな働き方はいっこうに改善されていない。そこには、都市生活における「満足」や「生活の質」について見直すべきことが多い。

第1巻でも述べたが、すでに終身雇用の慣行は崩壊し、企業の側が「会社をあてにしないでくれ」という時代であり、個人としての自己の生き方を尊重し、自分の価値観・人生観に即してみずからキャリア開発を行う時代である。

現代では都市地域で「雇われて働く」ことがすべてではなく、「満足」や「生活の質」の観点から、自分の生き方や働き方を見直すときである。

NOTE

第2節 「地域住民の満足」の主な内容

(1) 人間の生き方・働き方と「満足」

　地域住民の満足の向上とは、「この地域で働き生活して良かった」、「ここでは人間らしい生活ができる」、「ここに住んで満足している」、と思えることである。どんな地域でも、住民が「満足」や「生活の質」の向上を感じることがなければ、その地域で自律的に働き生活する意欲もわかず、定住意識も高まらない。そこには地域の「活性化」はなく、再生・発展もない。居住する住民が自律的に働き生活することで幸福を感じ、「満足」を得ることのできる状態こそが、地域活性化の本当の意味であり、究極の目標である。

　多くの場合、人間が感じる「満足」の内容は、その人の生きる際の動機とか欲求により異なっている。つまり、人は人生の目標を実現したときに、「満足」を感じる。たとえば、「おカネが人生のすべてであり、立身出世が人生の目標だ」という人にとっては、昇進を果たしトップの地位・高い所得を獲得したときに成功を実感し、「満足」するであろう。

　しかし、人間生活は金銭などの獲得という「経済的生活」だけでなく、良好な人間関係という「社会的生活」、さらに自己の価値観・世界観の実現という「文化的生活」という側面もある。したがって、生きていく際の「心の触れ合い」や「生きがい・やりがい」などを重視している人びとにとっては、いくら大金を得ても少しも「満足」にはならない。

　それらの人にとっては、心が触れ合う良い人間関係のなかで仕事や生活がスムーズにでき、さらにそこで自分の「志」や「理念」が実現し、大きな「生きがい・やりがい」を得られるならば、きわめて幸せなことである。

　そして、基本的な暮らしを保障するだけの報酬が得られるなら、たとえ過疎地域であっても、長期的な定住意識は高まることになる。「過疎地域で自律的に働き生活する」ことを選択する人にとっては、このような「地域住民の満足」や「生活の質の向上」こそが最低限の条件であろう。つぎに、この地域住民の満足を構成する要素とはなにかを考えてみよう。

(2) 「働く場」の創出と生きがい

　地域を問わず、自分の働き方・生き方を自律的に決めて、自己管理で仕事ができれ

NOTE

ば、これにまさる「満足」はない。自分で構想・計画した仕事を自分で実行して評価するので、そこに自己実現欲求が充足され、生きがい・やりがいを感じるであろう。

これに対して、特定企業に「雇われて働く」場合は、基本的に他者が構想したことを命じられて実行するので、しばしば集団主義や会社主義の犠牲にならざるをえない。

長期にわたって日本では、大企業に「雇われて働く」ことが安定した生活を保証する方法とされてきたが、経済活動の「成長神話」とともに、「大企業神話」もいまや崩壊している。多くの大企業の経営破たんや、きびしい働き方などの現実を目のあたりにすれば、「大企業だから、安泰である」、「大企業の就職が、幸せの道である」などの思いが、「幻想」であることが明白になった。しかも、企業に「雇われて働く」人びとの半数近くが身分の不安定な非正規雇用になるにつれ、このような働き方の限界も明らかになった。

いまや「雇われて働く」ことがすべてではなく、自分の幸せの道は自分で切り開き、現代社会で生き残るために、自分のキャリアは自分で開発することが求められている。これについては、本シリーズの第1巻と第2巻を参照されたい。

このようななかで、都市地域で「雇われて働く」生活をやめる人びとも少なくない。たとえば、故郷に帰って疲弊した農業・林業・漁業などを新しい視点や発想で再生したり、過疎地域にある資源を発掘・活用して新ビジネスを立ちあげたりする人びとがいる。かれらは農山漁村地域で自分の「働く場」をみずから創出して、そこに「生きがい・やりがい」という「満足」と、人間らしい「生活の質」を求めている。

(3) 自己管理と余暇時間の充実

さらに、「みずから仕事を創出し、自律的に働き生活する」ことの大きな魅力・満足のひとつは、自由な働き方・生き方にある。自分が行いたい仕事を「構想」することもその「実行」も自己管理であり、他者からの指示や監督を受けない「自営業」である。そこでは、働く時間は自分の都合で自由に調整することができる。

「雇われて働く」場合、仕事はトップが決めた「構想」を各層のマネジャーの指示・監督のもとで組織的に「実行」するが、場合によっては自分の意に反した過大な仕事を課せられ、しばしば長時間労働などに追いたてられる。その結果として、心身の健康を害したり、命を落とすという非人間的なケースも珍しくない。

しかし、自己管理で働く場合には、「仕事と生活」の時間の調整も個人の自由である。ワークライフバランスも自分でできるので、仕事以外の自由な時間を、地域の人

NOTE

びととの交流やイベント参加など（「社会的生活」）や、自分の志・理念の実現につながる思想・文化・教養・趣味・スポーツなど（「文化的生活」）に割りあてて楽しむことができる。

たしかに、農山漁村地域には都市地域に見られるカラオケ屋もゲームセンターもほとんどないが、余暇の「充実」は基本的に企業や産業から他律的に与えられるのではなく、みずからの主体的な活動で得られるものである。

農山漁村地域で自己管理により自由に仕事を進めることができ、そこに「生きがい・やりがい」を感じ、余暇を楽しむ自由な時間がもてるならば、都市地域で「雇われて働く」場合とは比較にならないほどの「人間らしい生き方」や「生活の質」が得られるであろう。

⑷　生活インフラの創出と整備

過疎地域においては、人口が集中している都市地域なみの生活インフラや施設を求めることはできないが、この施設不足にともなう困難な生活問題や社会的な問題を行政の力だけでなく、ソーシャル・ビジネスの手法で解決することも、地域づくりや活性化の手段であり、やりがい・生きがいの源泉となろう。

住民が農山漁村地域で自律的に働き生活するうえで、道路、上下水道、公共交通、コンビニなど、日常生活のための環境（インフラ）が整備されていれば、たしかに生活はしやすい。しかし、その地域で自律的に働き生活することを選択する人びとは、公共施設の不備や不足を補うだけの十分な魅力を感じたから、その地域に暮らすことを選んだのであり、「田舎暮らしを楽しむ」ことはあっても、それをがまんしたり辛抱するという考えはない。

農山漁村地域には豊かな自然、ゆったり流れる時間など、都市地域とは異なる固有の魅力があるが、これらもすべて「生活の質」や「地域住民の満足」を支える「人間らしい生活インフラ」、「生活基盤」ともいえる。そして「交通弱者」、「買物難民」などの諸問題も、種々の知恵と工夫を結集して取り組まれている。このような過疎地域に特有の生活インフラを創出し、生活の質を向上させることも、生きがいややりがいの源泉である。

また、新しいソーシャル・ビジネスを立ちあげることで、地域の「生活インフラ」の整備が可能になる。そのためのニーズもシーズも、過疎地域には多く潜んでいる。それらに応えることも「活性化」であり、こうした地域で自律的に働き生きるひとつ

NOTE

の形態であろう。

第3節　伝統的文化と地域住民の満足

(1) 農山漁村地域に根ざす伝統的文化

　農山漁村地域に深く根ざす伝統的文化・諸行事もまた、地域活性化のための資源であり、地域住民を一体化させる要素となる「地域の価値」である。

　たとえば「鎮守（ちんじゅ）の森」や「氏神（うじがみ）」と呼ばれる神社での伝統的な文化としての「祭事（さいじ）」は、もともと信仰に基づく厳粛（げんしゅく）なるイベントである。それは、「敬神崇祖」（けいしんすうそ）といわれるように、神や祖先の霊に対する儀式から発している。神社の祭事は、家内安全・五穀豊穣・子孫繁栄・無病息災など地域や個人の「繁栄」と「幸福」を祈願し、神の加護を願って供物をささげて祈る儀式である。

　しかし神社の祭事は、神道のもつ特性から、その取組みの態度はゆるやかで、「だれでも参加できる」柔軟性を持っている。神道には、唯一絶対の教義・経典はなく、経典解釈を巡る争いもない。神道のいう「神」は、万物に宿るのであり、その「八百万（やおよろず）の神」に多くの日本人は畏敬とともに親しみの感情をもってきた。

　そのために多数派の日本人は、絶対的な一神教徒の信仰に比べれば、ちがう宗教に対する態度は柔軟であり、異教徒にも寛容である。それゆえに、「祭事」も、宗教的行事というより、だれでも参加できる「習俗」として受けとめられてきた。このように神社の祭事は、「誰でも参加できる」オープンな性格をもっているために、長い歴史のなかで、地域住民の生活の一部となり、地域社会に深く根ざして代々継承される伝統的文化・行事となってきた。

(2) 「祭事」の効用

　伝統的文化・行事としての「祭事」は、地域にとっては住民を一体化させる誇りや宝であり、「地域の価値」、「地域資源」でもある。

　たとえば、「鎮守の森」の祭事は地域住民が主体となって自立的に取り組むが、その一連のイベントへの取組みや活動は、その地域の住民を一体化させてきた。そこには、心が触れあう良い人間関係を構築する仕組みがあり、そこから強固な「結（ゆい）」（連帯）が生まれる。

NOTE

また、祭事が地元住民には珍しくもない日常の行事であっても、外部の人びとにとって興味深いものであれば、多くの見物客が集まり、その地域の「活性化」に貢献する。

そして、祭事にかかわることは地域への強い愛着心を生み育て、「郷土愛」（civic pride）をはぐくんで地域住民の満足を向上させる。それは、地域住民を統合するための地域個性、つまり「地域アイデンティティ」（地域としての独自性・主体性）の確立でもある。

第4節　まとめ

近年、「農山漁村地域でみずから仕事を創出し自律的に働き生活する」ことを通じて地域づくりや活性化に貢献することが、人生やキャリアの選択肢のひとつになっている。

このような地域の「再生・活性化」には、住民の主体的な行動・関与が必要であり、そのためには「生活の質の向上」と「地域住民の満足」が不可欠である。つまり、「活性化する」とは、地域住民の「生活の質」と「地域住民の満足」の向上を意味している。

地域住民の満足は①「生きがい・やりがい」をもって働き、それなりの報酬を得ること、②自由に調整できるので余暇充実の状況があること、③地域の生活インフラの創出と整備、という3つの要素からなる。そして、地域がもつ伝統的文化・行事である「お祭り」が地域住民の満足の向上に役立っており、地域個性の確立や地域の活性化には不可欠である。

いまや、過疎地域で自律的に働き生活することを通じて地域づくりや活性化にかかわることが、「生き学としての経営学」の重要なテーマである。

《One Point Column》

「よき生き方」の探求を！

人は生きている。そして、企業などの組織も生きている。さらに、それらが住んでいる地域も生きている。人がよき生き方を見つけ、それが組織の経営だけでなく、地域づくりにつながってほしいと思う。それが「生き学・経営学」だ！

NOTE

(1)　本章の内容を要約してみよう。

(2)　本章を読んだ感想を書いてみよう。

(3) 説明してみよう。

① 経営とは、どんな意味でしょうか。

② 「地域住民の満足」（住民満足）とは、なんでしょうか。

③ 「祭りの効用」とは、なんでしょうか。

(4) 考えてみよう。地域活性化とは、どのようなことを意味しているのでしょうか。

(5) 調べてみよう。あなたが現在住んでいる地域について、「地域住民の満足」（住民満足）とは、どのような内容とレベルになっているかを、具体的に調べてみよう。

経営学のススメ①

生き学の対象としての「地域づくり」と「問題の発見」

　大都市などの都市地域から距離的に離れ、人口が減少している農山漁村の過疎地域が元気を失っている。

　われわれが本書で考える「生き学」としての地域づくりとは、地域住民が仕事にいそしみ、仕事がなければみずから創出し、その地域に定住することに満足を覚え、生活の質が向上することである。つまり、地域住民の満足と生活の質の向上こそが地域の活性化の意味となる。

　そして、農山漁村地域が衰退から再生への道に進み、「持続的な発展」を遂げるには、地域住民の主体的な貢献が前提になる。要するに、住民の元気さづくりが地域の元気、つまり再生や活性化なのである。このことを強調しておきたい。

　そのなかで、とくに自分がやりたい、やるべき仕事を地域で発見し、それに従事できれば楽しむことができ、その個人はハッピーになる。そして、農山漁村地域においても、仕事は発見しようと思えば、確実にあると考える。

　さて、一般に地域とは基礎自治体（市町村）で考えられているが、住民個人は、実際にはそれよりもかなり狭い「生活圏」の範囲をイメージしている。生活圏は個人が日々生活したり活動している「ところ」であり、地域づくりの対象となる問題の多くは、ここから発生する。

　住民の「心配ごと」といえる問題の発生と対応（地域づくり）は、主にライフステージ（生涯的なもの）関連と、生活周辺（環境）関連からなっている。前者は個人が誕生してから成長し、寿命を終える過程で発生する問題への対応であり、子育て・子どもの成長支援、引きこもりの救済、高齢者の生活支援などがその内容である。

　そして、後者は各人の周辺で発生する問題への対応であり、楽しむ場、交流の場、買物の場、治療の場の確保のほか、ゴミ処理と清掃、防犯防災（除雪など）、人口減少や空き家の増加による地域の見守り、道路の維持管理と交通安全、緑化・美化、イベント（お祭りや行事）の開催・協力などの、きわめて多様な問題がある。

　ところが、住民が成熟していくと、その視点は狭い生活圏だけでなく、自分が属している基礎自治体の全体の状況をも把握できるようになる。いろいろな経験をしたり、情報を得ることで視野が広がり、生活圏を越えた地域全体がかかえる重要な問題を認識できるようになる。地域にどのような問題が発生しているのか、その問題が地域にとってどの程度深刻であるのかないのか、を知るようになる。

　そして、地域で発生している問題について、地域住民による解決が困難であると思わ

れる場合には、それを行政にゆだねようとする。そして、市町村長や市町村の議員、行政の担当者はそれを受けて問題に対処しなければならない。

しかし、行政には財源や人的資源などに制約があるため、現状ではすべてに応えることはできない。この場合、どのようにすればよいのであろうか。極端な事例ではあるが、東日本大震災の被災地では、行政自治体そのものが壊滅的な被害を受けたので、被災した住民たちが、外部からの支援を受けつつ、みずから立ちあがり、問題の解決にあたっている。

これは、いわゆる「行政主導型の地域づくり」とは異なり、住民自身がかれらの生活の現場で行う「創発型の地域づくり」である。多くの地域では、これまで行政に依存する「行政主導型の地域づくり」が行われ、住民はそれに慣れきっているのが現実である。しかしながら、住民が知恵やエネルギーをだして、主体的・能動的にかかわる創発型の要素を高めることがどうしても必要になる。そして、これを実践しようとしている地域は実際にあるし、そうすることで地域は衰退をくいとめることができる。

さて、「創発型の地域づくり」とは、住民が地域に発生している問題をみずから解決しようとすることであり、そこではいろいろな経験が行われるとともに、いろいろな人びとと交流することになる。このような活動や人的交流は、とくに若い世代には自分の知恵やエネルギーをだせるので、自分を楽しくさせるだけでなく、成長させる機会になる。つまり、それは、第2章で述べる、「自己成長の場としての地域」なのである。

さらに、NPO法人や社会起業家が地域の問題の解決を事業化していることから考えると、若い世代にとって地域は確実に仕事を行う場、ビジネスをつくりだすチャンスの場となっている。

このように考えてくると、農山漁村地域においても働く場は創出できる。地域のなかにある問題を発見し、それを積極的に解決しようとすれば、仕事は自分でつくりだせるし、働く場は当然生まれてくる。

（設問1）　「行政主導型の地域づくり」について、あなたはどのように考えますか。
（設問2）　あなたの住んでいる地域の問題について、あなたがとくに気になっている身近な問題はどのようなものですか、2、3の事例をあげてみてください。

第2章
「自己成長の場」としての農山漁村地域

　現代人の働き方・生き方は多様化しており、どこに住み、どのように働くかは、個人の自由であり、それぞれの価値観・人生観の表現でもある。

　いまや都市地域の企業などに「雇われて働く」という生き方がすべてではない。みずから起業して生きるという選択肢もあるし、愛着・関心をもつ農山漁村地域に移住し、そこで仕事を創出して自律的に働き生きるという選択肢もある。

　たとえば、「故郷」、「古里」に帰り、荒廃した農業・林業・漁業などを新しい視点で再生し、ICT（情報通信技術）を活用して働くこともできる。さらに、地域に発生している暮らしの諸問題をソーシャル・ビジネスの手法で解決し、「地域の活性化」、「地域づくり」に貢献する人もいる。

　過疎化が進んでいる地域でみずから仕事を創出し、自律的に働き生きることは、豊かな人間関係を築くだけでなく、達成感・充実感を得て生きがい・やりがいを感じることや、人間らしい生活の質の向上にもつながる。つまり、自律的に働き生きる人びとにとっては、そのような過疎地域は自己成長や自己実現の舞台でもある。

　本章を読むと、以下のことが理解できるようになる。

① 都市地域で特定の企業に雇用されて働く生活をやめて、農山漁村地域で自律的に働き生きることもいまや重要な選択肢になっている。

② 農山漁村地域において「起業」、「テレワーク」および「パラレル・キャリア」という新しい働き方・生き方が生まれていること。

③ 農山漁村地域の衰退や改善から発生する問題。

④ これらの地域でみずから仕事を創出し、自律的に働き生活し、地域にある種々の問題の解決に取り組むことは、生きがい・やりがい、自己成長や自己実現をもたらすこと。

NOTE

第1節　農山漁村地域での働き方・生き方

(1)　農山漁村地域で働くという選択肢

　現在、社会や経済の構造が大きく変化するなかで、価値観・人生観が多様化し、生き方・働き方の多様化も進んでいる。第二次世界大戦後の高度経済成長の過程では、都市地域の特定の企業に雇用されて働くという選択が多数派を占めてきた。そのなかの個人は暗黙の前提として、昇進競争に打ち勝って高いポストと報酬を獲得し、便利で機能的な都会生活を行うことに価値を見いだしていた。そして、企業の目的の達成のために、私的生活を犠牲にして過大なノルマの達成を求められたり、グローバル人材として世界を駆けめぐったりする。

　しかし、1990年代以降における日本経済の長期に及ぶ低迷のなかで、「成長神話」や「大企業神話」の崩壊、終身雇用慣行の崩壊、労働力市場の流動化、雇用形態の多様化が進み、それまでの古い価値観・人生観にこだわらない生き方・働き方をする人びとがかなり見られる。

　とくに若者を中心に、自分らしいライフスタイルの表現に価値を見いだす人びとが増えている。ツイッターやフェイスブック、インスタグラムなどのSNS（ソーシャル・ネットワーキング・サービス）を活用し、自分の考えやライフスタイルを発信し、それらが共感を呼んで認められることに価値をおいている。

　さらに、SNSによってコミュニティができ、おもしろいとか、楽しいと思うことに人が集まるようになっている。このように、若者を中心にして価値観・人生観は大きく変化・多様化している。

　近年、都市地域の企業に雇用されることよりも、農山漁村地域で自律的に働き生活することに価値や魅力を見いだす人びとは少なくない。それは、生まれ故郷や関心のある地域に移住して自律的に生きる人びとである。

　そのような個人にとっては、農山漁村地域でみずから仕事を創出し、自律的に働き生活して「地域の活性化」や「地域づくり」に関与することが、新しい人間関係を構築し、種々の経験を通じて自分を高め、自己成長・自己実現することを意味している。それは、不本意で過大な仕事に追われたり、サービス残業を行うこととは無縁の生き方である。

　つまり、生きがい・やりがいを感じて、人間らしい生活の質を向上させる生き方であり、「自分づくり」にもつながり、がまんの選択でもなければ、自己犠牲の気持ち

NOTE

で行っていることでもない。

(2) 新しい働き方の登場

人が農山漁村地域に住んで生きていくには、働く場が必要である。それには、親が営んできた農業・林業・漁業の後継者になったり、地元の役場・農協などの団体・協会に雇用されて働くという選択がある。しかし、仮に自分のやりたい仕事が地域で見つけられない場合、さまざまな方法でみずから仕事を創出して自律的に働くことはできる。

なによりも、みずから起業するという選択肢がある。疲弊した農業・林業・漁業などを新しい視点・発想で再生させるビジネスを展開するのである。その際のICTを活用するテレワークは、場所に制約がないので、農山漁村地域においては有力な働き方になる。

たとえば、農業・林業・漁業などの廃棄物・未利用物という潜在的な資源を価値あるものに転換して、都市地域のユーザーに届けるビジネスは幅広く展開されている。また、ICTを活用することで、ユーザーや消費者のターゲットを国内に限定せず、広く海外に目を向けてビジネスを展開することもできる。

さらに、農山漁村地域に居住しながら、クラウド・ソーシング（インターネットで不特定多数の人に仕事を委託する形態）により、都市地域から発注される仕事をテレワークで引き受けることもある。

起業をするには企業という組織形態だけでなく、NPO（非営利組織）でも可能である。たとえば、NPO法人を立ちあげ、地域の諸問題をソーシャルビジネスの手法で解決している。

NPO法人は公益性の高い分野で活動をする団体に法人格を認めるもので、法人として契約したり、行政の委託事業を受託することができる。また、原則として資金なしでだれでもが立ちあげることができ、節税のメリットもある。資金不足が困難な場合には、インターネットサイトを通じてアイデアをプレゼンテーションし、賛同者から資金を集める「クラウド・ファンディング」を行うこともできる。

実際に起業する際には、行政などが行うセミナーや相談会など種々の起業支援策を活用できる。多くの自治体は起業家のすそ野を広げるために、女性、若者、シニアの起業を支援する取組みを行っているし、総務省が始めた「地域おこし協力隊」の活用もある。

NOTE

また、農山漁村地域においても、複数の仕事に従事する「パラレル・キャリア」（兼業）という働き方がある。これには都市地域と農山漁村地域の双方に拠点をもって仕事を行うタイプや、農山漁村地域で複数の仕事をもって働くタイプ、さらに都市地域に住みつつ、農山漁村地域の社会活動に参加するタイプなどがある。

　パラレル・キャリアの事例として、株式会社ワイキューブを創業した桐谷晃司があげられる。彼はリーマンショックをきっかけに、ひたすら右肩あがりの成長を目指す経営に疑問をもち、持続可能な企業経営の実現を目指した。そして、従業員に出社義務がないスーパーフレックス制度を導入するとともに、自分自身も「半農半起業家」（農業をしながら、起業し、ほかにもやりたいことを行う）として、東京と南房総の２ヵ所に居住し、農業と企業経営のふたつの仕事を行うというパラレル・キャリアを選択している。

　このように農山漁村地域においても、さまざまな仕事を創出してさまざまな働き方ができる。そして、自律的に働くことにより、「雇われて働く」際に人が感じる組織ストレスから解放され、生きがい・やりがいを感じつつ、豊かな自然のなかで人間らしい生活の質を向上させることができる。

(3) 農山漁村地域で生きることの意味

　農山漁村地域における「地域の活性化」の究極の意味は、そこに住む個々人が生きがい・やりがいを感じ、人間らしい生活の質を向上させることである。

　各種の地域イベントの開催・取組みはそのためのものであり、それ自体が目的ではない。地域のイベントは住民が主体となって行う文化祭、スポーツ大会、清掃・美化活動、防災・防犯・安全活動など多種多様である。また、行政などが実施するケースもある。その際に家族、親せき、友人、近隣住民、各種の団体や行政関係者などと良い人間関係を構築できれば、それは「地域の活性化」の基盤づくりになる。

　また、これらの地域にはその土地の守り神を祀（まつ）る神社があり、第１章でも述べたように、そこには神社を中心にした伝統的な祭事があり、五穀豊穣を祈念したり、祝ったりする。また、盆踊りや花火大会などの夏祭り、商店街を中心とした祭りもある。生まれ育った地域であれば、祭りは子どものころからなじみがあり、その期間中は多くの人びとで賑わいを見せる。これらの祭りにかかわることは、郷土愛を強めることにもなる。

　このように、地域イベントなどの地域活動に積極的に参加することは、地域への愛

着心が高まり、さらに「地域住民の満足」（住民満足、CSI）の向上に貢献する。そして、住民の満足の向上こそ「地域の活性化」の中身であり、それは「地域の価値」を高めることにもなる。

第2節　農山漁村地域の現状分析

⑴　農村の過疎化と都市の過密化

　第二次世界大戦後の経済復興および高度経済成長のなかで、日本の産業構造が大きく変化し、農業・林業・漁業などの第一次産業は衰退して、重工業・機械・化学工業などに比重が大きく移行した。とくに経済のグローバル化により、農産品・食料品や材木などの海外依存が高まり、第一次産業の衰退・疲弊がいっそう進んだ。

　それとともに農山漁村地域の若者の多くが流出し、都市地域の企業・工場の労働力として吸収された。その結果、「農村の過疎化と都市の過密化」の現象が顕著になっている。現在日本の人口は減少しているが、依然として都市地域への人口集中は続いている。この間の人口増は東京圏（東京都、神奈川県、埼玉県、千葉県）と、愛知県、滋賀県、福岡県、沖縄県でおこり、それ以外の多くの都道府県では、全体として人口の流出・減少が続いている。

　東京圏に流入する年代をみると、進学・就職の時期である15〜24歳の若者の占める割合が多い。つまり、若者が都市地域に流出・移住する理由は、なによりも「働く場」、「仕事」の確保であり、さらに「教育環境（大学など学校）」、「生活環境（交通・病院・商店など）」、「娯楽施設」などの魅力などがあげられる。つまり、就職・仕事の機会、進学・教育の機会、そして生活の利便性などが主な理由である。

　また、若い女性も大都市圏へ流出しているが、その理由は就職・仕事などのためだけではなく、古いしきたりや保守的・閉鎖的な考え方から解放されたいという気持ちがあると思われる。

⑵　地域衰退による問題の顕在化

　この間、多くの農山漁村地域は人口の流出や少子高齢化の進展などにより、大きく衰退・疲弊してきたが、その結果として、耕作放棄地や荒廃山林の増加、税収の減少による地方自治体の財政難、廃線・廃駅による交通利便性の悪化、商店街や繁華街の閉店・廃業、学校の廃校・統合、病院の閉院、誘致工場の撤退・閉鎖などが顕著に

なっている。

　誘致工場の撤退・閉鎖の理由は、グローバル競争のなかで多くの大企業が安い労働力を求めて生産拠点を海外に移転し、国内の生産拠点を整理・統合したことにある。そして、工場が閉鎖・撤退すれば、そこで働いていた人びとは失業するか、転職せざるをえない。

　それは地元の自治体にとっては法人税や住民税の減少につながり、下請関連企業や地元商店街にまで深刻な影響が及んでいる。そして、商店の多くが閉店・廃業すれば、地域住民の買い物や娯楽などの利便性は悪化し、ますます地域の活気が失われる。さらに、商業地や住宅地に空き家やサラ地が増えれば、地域全体がさびれてしまう。

　このような地域からの人口の流出は、農業・林業・漁業の後継者不足をもたらして廃業に追いこまれ、それがいっそう地域全体を衰退させるという悪循環が見られる。

(3)　改善のなかでの問題点

　農山漁村地域で働き生活するには、電気・上下水道、道路・橋、ゴミ処理場などの最低限の生活インフラの整備は不可欠である。とくに自家用車は生活必需品であるので、道路の整備は欠かせない。

　そして、公園、スポーツ施設、公会堂、文化センター、図書館、郷土館などの文化・教育施設なども求められる。これらの施設整備はいずれも行政の課題であり、自治体財政が苦しくなるなかでも、さまざまな努力が行われている。

　少子高齢化に対する生活インフラの整備として、「買物難民」、「交通弱者」のためのコミュニティバスの運行、ひとり暮らしの高齢者の見守り支援、保育園や学童の整備による子育て支援などが行われている。

　また、ICT を活用し、SNS による広報活動を行ったり、タブレット型端末を使って救急搬送の際に救急医療病院の空きベッドを検索しやすくしたり、高齢者の安否確認や相談への対応に活用する試みが行われている。

　行政主導の地域づくりでハード面の整備は進んでも、それを適切に扱うソフト面の人材が不足気味である。すなわち、施設という「ハコモノ」は多くつくってきたが、それらを十分に活用し運営できる「経営（マネジメント）人材」が不足している。行政主体の開発事業では、しばしば利用者のニーズとうまく合わず、集客力が弱くて人件費や維持費との採算が合わず、赤字になることが多い。そこには、行政により整備

NOTE

されたハードを活かすための知恵やアイデアをだし、主体的に運営できる人材が必要とされている。

　なお、農山漁村地域における道路・鉄道・橋などの整備により、地域の生活や交通の利便性が高まった結果、地域住民の消費が都市地域に吸いとられるという「ストロー効果」が引き起こされている。

第3節　自己成長の場としての地域

⑴　問題解決へのチャレンジ

　住民のニーズにあった地域づくりは、行政依存や行政主導のみではうまくいかない。個人やNPO法人が地域に発生している問題をソーシャル・ビジネスの手法で自主的に解決し、地域に根ざした固有の生活インフラを整備することも求められている。

　たしかに、巨額な資金を要する課題は行政でなければ実現は困難であるが、商店街づくり、教育支援、子育てや高齢者の援助などについては、住民が中心となって自主的に知恵とエネルギーをだすことで解決できる問題も多い。

　たとえば、NPO法人は小さな子どもや高齢者をサポートする活動を行ったり、高齢者の買物や通院などの支援、商店街の空き店舗の活用、趣味や資格などの教室開設などもできる。また、地元地域の潜在資源を活用して、農林水産物や加工食品の商品開発を行って、地域のブランド品として製造・販売することができる。

　さらに、伝統的な技術、歴史や文化遺産、景観、自然、温泉地などを対象にしてブランド化を試みたり、古民家や古い町並みをリノベーション（手直し）して観光客を集めるビジネスを行ったり、地域の歴史や遺産を発掘して伝統的な祭事・行事を復活させることもできる。地域の豊かな自然を、子どもたちのための教育の場やアーティストの創造の場にしたりする。

　このように、解決すべき課題の多い地域には、チャレンジできるチャンスが多数あり、住民の自主的な力で「地域の活性化」、「地域づくり」を推進できる。行政による一定のサポートも必要であるが、魅力ある地域づくりには地域住民の主体的な参加と関与がなによりも力になる。そして、地域住民が日々感じている不便や困難な問題を改善したり、地域の潜在資源を発掘・活用して新たな仕事やビジネスを創出できる。

　この場合、個人ひとりで自由な立場で行うこともあるし、地域の企業や行政に勤務

NOTE

しながら対応することも可能である。さらに、チームを組んで NPO や社会起業家として行ったり、町内会や自治会、商工会議所や観光協会、商店街、地域の大学などと協力して行える。

このような取組みにより、地域が直面しているピンチを絶好の「チャンス」に変え、経験のある社会人であれば、自分の知識やキャリアをこの地域の問題の解決に役立てられ、若者も新しいアイデアや情熱、エネルギーをその解決にぶつけることができる。問題山積の過疎地域には、しばしばチャンスや希望がないように見られているが、問題を発見して解決にあたることが、チャンスや希望になる。

⑵　チャレンジと自己成長・自己実現

チャレンジには、一方ではたしかに大変だから"やれない"とか、"やれないだろう"といった困難さがある。実際、問題によっては解決できないものもある。しかし、他方でチャレンジすることは自分の人生を活かすことであり、自己成長や自己実現につながる。

地域に解決すべき問題があると、その暗い面ばかりが強調されがちであるが、別の言葉でいうと、解決するチャンスがあるということであり、問題をポジティブにとらえたい。

問題解決にチャレンジするなかで種々の経験をしたり、多様な人びととのネットワークが形成されるが、それは若者の夢や希望であり、さらには新しい仕事やビジネスの創造につながる。また、問題解決は自己成長や自己実現に結びつくとともに、「地域住民の満足」の向上を促す。

地域の問題解決にチャレンジするといっても限界があり、できることから始めていくことが肝要である。そして、仲間や行政、さらに地域を越えた人びとや組織と連携することも必要になる。これらはすべて充実感のある活動であり、自己犠牲や他者から押しつけられた行為ではない。

第4節　まとめ

農山漁村地域については、衰退などの暗い面が強調されがちである。しかし、そのような地域は自律的に働き生活することを求める人間にとり、自己成長・自己実現や生きがい・やりがいを得られる舞台でもある。

NOTE

第4節　まとめ

　農山漁村地域でみずから仕事を創出して自律的に働き、地域に根ざした種々の問題解決に関与することで得られる「地域住民の満足」や「生活の質の向上」は、都市地域の企業に雇用され、仕事に追われて働き生きるところではとうてい得られないものである。

　このような地域におけるキャリアのつくり方は多様である。その地域での起業もひとつの選択肢であり、新しい視点・発想・技術で農業・林業・漁業の再生を目指す人は少なくない。また、テレワークであれば都市地域でなくても仕事ができるし、さらに都市地域に仕事をもちながら、週末だけ地域で活動することもできる。

　自分だけでは解決が困難な課題も、第3章で述べる、国が行っている「地域おこし協力隊」などの制度や自治体の支援を活用して起業することもできる。また、みずから発信して仲間を集め、クラウド・ファンディングで資金を調達するなどして起業を実現することもできる。それだけでなく、祭りや自治会活動などをみずから企画・運営して地域づくりにかかわる方法もある。

《One Point Column》

「ローカル人材」の視点こそが大切！

海外で活躍できる「グローバル人材」の育成が注目されている。しかし、「国内外」のいずれの地域においても働き生きることができる「ローカル人材」の視点こそが大切である。ローカル人材もグローバル人材も本当は同じものかもしれない。

NOTE

(1)　本章の内容を要約してみよう。

(2)　本章を読んだ感想を書いてみよう。

(3) 説明してみよう。

① テレワークによる柔軟な働き方とは、なんでしょうか。

② パラレル・キャリアとは、なんでしょうか。

③ 農山漁村地域の衰退をもたらした要因とは、なんでしょうか。

(4) 考えてみよう。あなたが、過疎地域で働く場をみつける、または、つくるためには、なにを
どのようにしたらよいと思いますか。個人でなにができるかを考えてみてください。

(5) 調べてみよう。地域づくりに個人がかかわった事例で、あなたが生き方・働き方のモデルにしたい人物について、どのようなことをしたのか、優れていると思うことなどを、具体的に調べてみよう。

経営学のススメ②

地域づくりへのチャレンジ！

① 広島県尾道市の空き家再生プロジェクト

　広島県尾道市のNPO法人「尾道空き家再生プロジェクト」は、代表理事の豊田雅子が2008年に立ちあげた。彼女は20代の頃、ツアーコンダクターとして外国で仕事をしていたが、景観を大事に受け継ぐヨーロッパの町並みに感銘を受けた。その後故郷の尾道に帰ったが、そこでは空き家が増え、町並みの存続が危機にさらされていることを知った。そして、町並みを後世に残したいと考えるようになり、取り壊される予定の有名な築70年の空き家、通称「ガウディハウス」を2007年に買い取って建築業の夫とともに手を入れ始めた。

　そのリノベーションの過程をインターネットで発信したところ、全国から関心をもった移住希望者が連絡してきた。それをきっかけに本格的に仲間を探し、NPO法人の設立に至っている。このプロジェクトは学生、主婦、研究者、建築士、職人、アーティスト、不動産経営者など、20歳代から30歳代のさまざまな職業の若者を中心に、コミュニティ、建築、環境、観光、アートの5つの視点で空き家を考え、多様な活動を行っている。

② 岩手県遠野市の起業プラットフォーム

　若者がつくる新たなコミュニティとして、岩手県遠野市にあるNext Commons Lab（ネクストコモンズラボ）がある。これは、林篤志が2006年に行政と協力して立ちあげたプロジェクトであり、地域おこし協力隊の制度を利用して遠野市で起業したい人をインターネットで募集し、選考された人は最長3年間、毎月14万円のベーシック・インカムを受け取りながら起業するというものである。遠野市では、すでに20名のメンバーが10種類以上のプロジェクトを開始している。

　そのなかに、「ホップ栽培とクラフトビールで地域を変える」というプロジェクトがある。この市は半世紀にわたりホップの栽培面積が国内第1位であるものの、高齢化と後継者不足で生産者が減少している。そこで、本プロジェクトが行政やキリンビールと連携しながら、ホップの栽培からビールの醸造までを地域の産業として育成し、さらに文化として根づかせることにチャレンジしている。これは、若者が地域で起業する場をつくるプラットフォーム型のモデルである。

③ 宮城県気仙沼市の「気仙沼ニッティング」

　2011年の3.11の被災地でも、地域再生の気運が高まっている。そのなかに、気仙沼市を拠点に、手づくりのニットを製造・販売する会社「気仙沼ニッティング」があ

る。当初は「ほぼ日刊イトイ新聞」を発信していたコピーライターの糸井重里の発案で、2011年11月にプロジェクトとしてスタートした。気仙沼のためになにかしたいと考えた糸井の「ニットをつくって、販売する」というアイデアに対して、経営コンサルタントや国際協力の経験がある御手洗瑞子、編み物作家の三國万里子ら若い女性たちがキーパーソンとなって、気仙沼で編み物のワークショップを開催したりして、編み手の仲間を増やしていった。

　港町である気仙沼では、漁師の妻たちには漁師が使う網の修繕など、「編む」ということが身近にあった。したがって、編み手のほとんどは魚網づくりに熟練した、手先の器用な女性たちである。2013年には株式会社となり、御手洗が代表取締役社長となっている。彼女は気仙沼ニッティングを、100年続くような会社として存続させていきたいという。

④　岩手県花巻市の旧マルカン百貨店大食堂の復活

　岩手県花巻市では、市内唯一の百貨店であったマルカン百貨店が現行の耐震基準を満たさないことで改装を断念し、2016年6月に閉店となった。同百貨店の6階にあった大食堂も惜しまれながら閉店したが、建物と大食堂の存続をめざし、地元のまちづくり会社「株式会社上町家守舎」が運営を引き継いだ。1階フロアはカフェやキッズスペース、雑貨店としてリニューアルし、大食堂は「マルカンビル食堂」として2017年2月に営業を再開させた。

　このプロジェクトの中心となったのは、株式会社花巻家守舎および株式会社上町家守舎の代表取締役である小友（おとも）康広である。彼は東京の大学を卒業後、そのまま東京で仕事をしていたが、建材会社を自営する父親の病気をきっかけに地元の花巻でも仕事をするようになり、2015年に、花巻の中心市街地のリノベーションや町づくりを行う株式会社花巻家守舎を設立する。そして、子どもの頃からよく行っていたマルカン百貨店の大食堂を復活させたいと新会社の上町家守舎を設立し、補助金に頼らず金融機関からの融資のほか、クラウド・ファンディングでも資金調達を行っている。上町家守舎では耐震補強を前提に、初期費用を10年で回収するビジネスプランを立てており、営業再開でそのスタートを切ったところである。

（設問1）　考えてみよう。4つの事例から、地域づくりの中心となった人物に共通している特性を考えてみてください。

（設問2）　考えてみよう。4つの事例から、地域づくりへのチャレンジは、地域にどのような効果や価値、満足を生みだすか、考えてみてください。

（宇田　美江）

第3章

農山漁村地域と新たなワーキング・スタイル

　農山漁村地域で自律的に働き生きることで、やりがい・生きがいや生活の質の向上を求める人びとが増えている。そのような人びとは、みずから仕事を創出し、イキイキと活動して人生の豊かさを手に入れ、愛着をもって地域を活性化しようとしている。アイデアをだしてそれを実行し、成果を得るというプロセスに参加することが地域住民の満足の源泉であり、長期定住の意識や地域貢献の意欲も高まっていく。

　地域の「活性化」は、地域住民の主体的な関与・参加や「地域住民の満足」（住民満足、CSI）によってもたらされるものである。現在、過疎化した農山漁村地域を活性化する方法として、このような創発型・内発型の取組みが求められている。

　かつて、過疎化対策として公共施設の整備や工場・大型商業施設、レジャー施設の誘致などが推進された時代があった。それらのモノが地域に経済的な豊かさをもたらすと信じられていたが、それは一時的なものにすぎず、そのような外発的・他律的な地域づくりの時代は終りを告げている。

　本章を学習すると、以下のことが理解できるようになる。

① 　農山漁村地域の活性化には、新しい人材や考え方に寛容な「開放性の文化」が必要であること。

② 　地域づくりの担い手には、どのようなタイプがあるのか。

③ 　地域づくりには地域の外に仲間を拡大することも必要であること。

第1節　農山漁村地域へのUターン、Iターン

⑴ 「開放性の文化」へのニーズ

　「全国の自治体の半数が2040年には消滅する」という衝撃的な予測が2014年、増田寛也・元総務大臣などによる、いわゆる「増田レポート」として発表された。実に約900市町村が消滅可能性都市とされた。これを「地方消滅論」として悲観的に受けとめるのか、それとも地域再生のきっかけとするのか。それは、もちろん

後者である。

　いま「地方再生」には、これまでとはちがった風が吹いている。とくに、東日本大震災以降、若い世代を中心に価値観の変化が起きている。それは、エコロジー、オーガニック（有機栽培農産物）、スローライフへの関心、人と人のつながり重視、自然のなかの子育てを希望する田園回帰、などの言葉に示されている。

　第2章でも述べたが、ICT技術の発展によってワーキング・スタイルが変化し、地方での暮らしも実現しやすくなっている。やりたい仕事と農業をかけもちする「半農半起業家」という働き方も、自己実現のスタイルとして注目されている。

　さらに、地方であっても、魅力あるコトやモノがあれば、人を呼びこめる時代になっている。このような時流をとらえて新しいビジネスを創出し、それをICTで発信する人びとが登場している。

　そのモデルのひとつとして、島根県隠岐諸郡海士町（あまちょう）が注目されている。島根半島沖にある離島に外からの若者の移住が進み、人口が下げどまっただけでなく、移住者と住民の協力でサザエカレー、岩がき、隠岐牛などの商品化に成功している。コンビニも観光施設もない離島が地域住民によるさまざまな活動により、多くのリピーター客を獲得している。

　成功の要因のひとつに、「海士町には、後鳥羽天皇がいらっしゃったとき（1221年）以来、人を受け入れるという文化がある」と町長の山内道雄は言う。つまり、ヨソ者を歓迎する「開放性の文化」が新しいものを生みだす原動力になっている。

　しかしながら、地域のなかには、外部の人間（ヨソ者）をなかなか受け入れない閉鎖的なところもあるといわれてきた。たしかに、外からの侵入者を警戒することは、地域を守るうえで必要な時代があった。しかし、地域の活性化のためには、外からだれをも受け入れる雰囲気を大切にしなければならない。

⑵　Uターン、Iターンの推進

　都市地域から農山漁村地域への人口還流の動きとして、Uターン、Iターンのほかに、最近では「孫ターン（子育て世代が祖父母のいる地方に移住すること）」も注目されている。これまで「田舎暮らし」といえば、定年近くのシニア世代が行ってきたが、現在では若者の生き方の選択肢としての地方移住がある。これに対応しようと、多くの基礎自治体は若者の移住に対して住宅の無償提供や移住一時金の支給などの優遇政策を採用している。

NOTE

さらに、これまで地方移住の際の一番の問題点は「仕事がない」ということであったが、自治体として農業、漁業の就業・起業支援のほか、カフェや工房の開業資金の援助・支援なども始まっている。その結果、移住者による地産地消の農業レストラン、体験型民宿、アレルギー対応のパン工房など、現在のニーズにあった新しいビジネスも行われている。

前述の海士町の場合には、Uターン、Iターンなどの移住者がすでに人口の1割を超えているが、みずから仕事を創出しようとする者に対して金銭的な補助はない。移住者を優遇する制度はないが、行政や観光協会などをはじめとして、島全体に「本気でなにかをやろうとしている人（自己実現人）」を「応援する風土」がある、と言う。そして、移住者たちのアイデアによって、「特別なものがない」と思われていた島の農産物や海産物がブランド化されている。また、ありのままの島の自然は観光や島留学のスポットとなり、地域に活力を生みだしている。

このような移住者による就業・起業の成功や理想とする暮らしの実現は、SNSなどを通じて広く外部に情報発信されている。そのため、島には「田舎でのんびりする」のではなく、自律的に働き生きるための新しい舞台として移住する人びとが増えている。

⑶ 地方移住に向けての準備

近年、グローバル人材の必要性が強調されているが、他方で、ローカルで活躍できる人材も同様に求められている。企業などに頼らずに自律的に働き生きようとする若者が、農山漁村の地域づくりに参加するには、「地域づくりボランティア」、「ふるさとワーキングホリデー」、「地域おこし協力隊」などの方法がある。

「地域づくりボランティア」は1日のみでも参加できるが、活動内容は地域行事への参加や農作業の手伝いのほか、行政の職員とともに村おこしの企画立案を行うこともある。活動費用は自己負担である。これに参加するには、ボランティアの検索サイトで場所と期間を容易に選ぶことができる。

「ふるさとワーキングホリデー」では、一定の期間（1ヵ月以上）特定の地域に滞在し、そこで働いて収入を得ながら、地元の人びとと交流する。これは総務省により2016（平成28）年に創設された制度で、当初は500名の学生を対象に8つの道県でスタートしている。当人が期間中に住む場所、働く場所（旅館、酒造会社、農業事業所、水産加工会社、養鶏場など）のほかに、地域づくりの学びの場が用意されて

NOTE

いる。これに参加することで、学生は「田舎で生きることの意味」を実感できる。なお、創設2年目の2017年には、17道県で1,500名の学生を対象にしている。

さらに、「地域おこし協力隊」はおおむね1年以上3年以下の期間、地方自治体の委嘱（いしょく）を受けて特定地域で生活し、各種の地域協力活動（農業支援、町づくり支援、地域のブランド品開発支援、地域の情報発信など）を行うものである。これは総務省により2009（平成21）年に創設された制度である。この制度のもと、2015年には673の自治体で約2,600人の隊員が活動している。その約8割が20〜30代の若者であり、女性の比率は約4割である。

隊員は自治体の職員として働くので、給与と福利厚生のほかに、活動費が与えられる。応募する際に、どのような地域でどのような活動を行いたいのかビジョンを表明し、採用されればそれを課題にして現場で活動できる。任期修了後には、即戦力としての経験を活かして、約6割がそのあとも同じ地域に定着し、自治体の職員になったり、NPOを立ちあげて起業している。

今後、このような地域活動が若者を育成するための機会として、インターンシップや海外留学と同様にポピュラーになることが期待される。

⑷ 地域住民から学ぶ

Ｉターンによる地方移住者や地域おこし協力隊員のなかには、その地域になじめなかったり、周囲の人びとからの協力を得られずに、いつまでも「ヨソ者」のままというケースもある。外部からの移住者が地域になじむというのは、思ったより簡単ではなく、それなりの努力が必要である。

たとえば、地元の人びととの生活のテンポに合わせることが大切である。話すスピード、考えるスピード、行動するスピード、すべてが都会と地方とでは異なっている。そこで、ことがすぐに進展しないからといって、話し合いを放棄したり、先走って行動すれば混乱が生じる。周囲の声を聞きながら、じっくり、ゆっくりと取り組む姿勢が必要である。

そして、その地域で大切にされてきた慣習・慣行・手法・伝統・価値観は尊重しなければならない。「もう古い」、「おもしろくない」、「非効率的だ」といった否定的な言葉を投げつけても、なにも生まれてこない。それぞれの地域に伝わるものに敬意を払いつつ、「新しいものをプラスする」という考え方が状況を動かし、成功につながっていく。

NOTE

異なる文化的背景をもつ人びとが出会ったとき、そこに摩擦が生じるのは当然のことである。経営学で研究されてきた異文化間コミュニケーションの手法や、異文化摩擦解消のメソッドなどは、地域づくりの現場においても役立つであろう。

第2節　活性化の主体になろう！

⑴　推進者としての「ヨソ者、若者、バカ者」

地域に活性化をもたらすのは、つぎのような人であるといわれる。客観的なものの見方ができる「ヨソ者」、しがらみなくチャレンジできる「若者」、自由な発想をもっている「バカ者」、の3者である。多くの地域活性化の成功事例を見ると、さまざまな「ヨソ者」、「若者」、「バカ者」がいることがわかる。つまり、これらの3者の要素をもつ者が活性化の「推進者（プロモーター）」になる。

このような推進者に共通しているものは、「想い」を形にしようとする「情熱」であり、周囲を説得する力である。たとえば、「どげんかせんといかん」（2007年、東国原英夫・元宮崎県知事の言葉）という強い想いをもつ者には、「バカ者」になるポテンシャルがある。事例を見てみると、そのような人材は移住者を含む住民だけでなく、地元の農協、漁協、行政組織などのなかにも存在している。

新しいアイデアは「無理だ」と思われることが多いが、それに共鳴・支持する周囲の存在があれば、「バカ者」はつぎつぎ生まれてくる。ここでも、新しい考えを受け入れる「開放性の文化」が必要となる。

⑵　マネジメントスキルの重要性

しかし、地域活性化を推進者がもっている個人的属性にだけ依存することには限界がある。個人から始まった小さな企画も、それがプロジェクト化・事業化へと進むと、経済性も考えなければならない。この段階では、メンバーに仕事を割りあて、それを管理するという経営つまりマネジメントのスキル、あるいはそのようなスキルをもつ「リーダー」や「マネジャー」が求められる。さらには、資金管理、情報管理、マーケティングなどの実務的な能力も必要となってくる。

これらのスキルをもった人材を地域のなかで発掘したり育成することも不可欠である。推進者がやがてマネジャー、ディレクター、コーディネーターという「役割」で呼ばれる段階に進むことが期待される。そのためには、国や自治体などが主催する

NOTE

第3章　農山漁村地域と新たなワーキング・スタイル

「地域づくり人材育成」の研修プランを活用したり、後述する地域づくりの専門家と一緒に仕事をしたり、プロボノを活用することも選択肢としてあげられる。

⑶　期待される女性の活躍

　推進者として女性の力は欠かせない。すでに農業従事者の約半数は女性たちであり、第二次世界大戦（1945年）後間もない時期から、全国の農山漁村地域で女性を中心に「生活改善グループ」が組織され、生活の質を向上するための取組みが行われていた。女性は生活技術に精通した暮らしの専門家である。地域の祭事や「しきたり」だけでなく、暮らしの工夫、食品加工の技術、織物や染物の伝統工芸技術なども女性が中心になって伝承してきた。「地域活性化」のための「地域資源」の開発・活用を考えるとき、このような伝承された知恵は必須である。

　そして、当然のことながら、女性が少ない地域の人口は増えない。前出の「増田レポート」による消滅可能性都市は、若年女性人口が著しく減少している市町村を指している。逆に、もし1年間に3人の若年女性が増えれば、30年間に90人にまで増える可能性があるという。

　もちろん、地域の発展は人口増加のみでもたらされるものでは決してないが、それにしても、女性に選ばれない地域には未来はないのかもしれない。女性の視点から見て、女性が暮らしやすく活躍しやすい地域をつくることが、Uターンや I ターンの促進にもつながる。

　さらに、「おしゃべり」を中心とした女性の高いコミュニケーション能力は、地域ニーズの情報収集、広報（くちコミ）、話し合いによる合意形成に適している。東北の大震災の復興にあたっても、女性たちの「お茶っこ」という茶話会が活用されている例が多い。

　これまで、農山漁村地域での女性たちの活動は、農協や漁協などの「女性部」や町内会や商店街の「女性の会」などとして考えられてきた。今後、女性の力を活用しようとするならば、伝承された生活の知恵、コミュニケーション能力や楽しさを大切にしたワーキング・スタイルが求められる。

⑷　プロの「推進者」による地域づくり

　地域づくりの推進者として地域活性化コンサルタント、地域活性化プロデューサー、地域活性クリエーターなどと呼ばれる専門家たちがいる。彼・彼女らは民間の

NOTE

商社、広告会社、コンサルタント会社などに所属している場合もあれば、独立のオフィスをかまえていることもある。その仕事の多くは自治体から依頼を受けて地域に入り、ヒアリングを行って住民の想いを形にすることである。

たとえば、地元食材を商品化するという企画があれば、必要な人材（調理、食品衛生、パッケージデザイン、販路開拓の専門家など）を集めてプロジェクトチームを編成する。そして、資金調達、利害関係者の調整、事務局機能の立ちあげなどをサポートし、住民を主役にしながら、プロジェクトを運営して事業として軌道に乗せる。

企業におけるプロジェクトマネジャーと同様の役割を担っているが、地域づくりにおいては、プロジェクトを進めるなかでマネジメントのノウハウを地域の人びとに伝え、最終的には住民のみで運営できるようにしなければならない。そして、事業継続にむけた人材の発掘と育成も重要な役割のひとつである。

地域活性化クリエーターは建築家、デザイナー、フードコンサルタント、編集者、映像作家など、専門性をもった人びとが多い。「土着系」とも呼ばれる地域関連分野の仕事を得意として、地域ブランドの立ちあげなどを担っている。たとえば、いまではすっかり有名になった「今治タオル」は、専門家によるブランド化の成果である。そして、彼・彼女らは高い専門性だけでなく、地域再生、環境保護といった、なんらかの理念をもっている。

政府は「地方創生」を推進しており、地域活性化をテーマにした仕事は増えており、そのなかで、地域づくりを専門の仕事にするというキャリアの選択肢もあるだろう。

第3節　地域外への仲間の拡大

(1)　新しい手法の活用

地域づくりを少数のマンパワーで行うことには限界があり、地域の外から仲間を求める必要がある。その手法にプロボノやクラウド・ファンディングなどがある。

プロボノとは、ボランティア活動の一形態であり、社会人が仕事を続けながら、自分がもっている専門スキルを外部に提供して社会貢献を行うもので、これまでにも広報、会計経理、法律、ICT、デザインの分野でNPO法人などを支援してきた。

それは、自分の能力を仕事以外の場所で発揮し、生きがいを見つけたいと考える人びとの間でひろがっている。また、社員のプロボノワークをCSR（企業の社会的責

任）の一環として推進している企業もある。さらに、少子高齢化や過疎化などの農山漁村地域がかかえる課題の解決を応援する地域交流型プロボノプログラム（ふるさとプロボノ）も存在する。地域づくりにプロボノワーカーを招き入れることにより、地域住民や関連団体は彼らから専門知識を得られるだけでなく、新しい人脈を手に入れることもできる。

そして、クラウド・ファンディングは、推進者が自分たちの思いをインターネットを通じて発信し、多くの人びとから資金を集める方法である。それは、なんらかのプロジェクトのために、寄付、投資、融資、あるいは購入といった形で資金提供を求めるものだが、集まるのは資金だけではない。そのほかに、応援の言葉、アドバイス、関連情報なども世界中から寄せられる。

資金集めのために、そのプロジェクトの魅力や意義をインターネット上でプレゼンテーションするが、そこで注目を集めて協力者を見つけることもできる。実際、資金調達以外のメリットのほうが大きいともいわれている。

⑵　地域を越えた交流とネットワーク

地域づくりの推進者たちは地域を越えた交流、ネットワーク化をも試みている。その目的は主に3つある。

ひとつは課題解決のサポートである。地域づくりの活動を行う際に直面した課題を共有化し、解決方法を公開することによって同様の問題をかかえる人びとを支援する。彼・彼女らが話しあう目的は、相談先のない課題に対して解決の糸口を見つけることである。

2つ目はノウハウの移転である。イベントの開催や商品開発など類似の取組みを行っている地域間でノウハウを伝え合うことで、より良い手法を開発する。プロジェクトモデルをつくることができれば他の地域にも移転し、活用することもできる。

3つ目は「励ましあう」ことである。地域づくりは短期的には成果の見えにくい活動である。それゆえに、活動を離脱する人も少なくない。苦労を共有し、励ましあうことは大切であり、お互いの活動を知ることで、刺激を受けて活動をさらに進めることができる。

現在は都道府県ベースの「地域づくりネットワーク協議会」などが登録団体を募って交流を促進しているほか、たとえば、防災、子育て、農業再生などの目的別にSNSを通じて関連団体が集まり、情報の共有化が行われている。ICTの活用により

NOTE

ネットワークの仕組みを構築することは比較的容易になったが、実際にネットワークが活用されているという段階にはまだ到達していない。

第4節 まとめ

　本章では、地域づくりに積極的にたずさわる人材になることについて考察した。現代では若者のワーキング・スタイルの多様化により、Uターン、Iターンなど農山漁村地域への移住が選択肢のひとつとなっている。それらの地域で仕事を創出し、自律的に働くことも可能であり、都市地域の暮らしでは得られない魅力がある。

　キャリア形成は単なる職業選択の問題ではなく、各人が「どこで、どのような仕事をして、どのように暮らすのか」という幅広い観点からの検討が求められている。

　「企業はヒトなり」という言葉があるが、地域の活性化もまた、そこで働き生きる人間の問題が核心であり、ハコモノづくりの問題ではない。地域の活性化にとって、地域住民の満足や生活の質の向上こそが主要なテーマである。

《One Point Column》

農山漁村地域を「自己実現の場」にしよう！

「郷に入っては郷に従え」で、協調性や相互の助けあいも必要だが、UターンやIターンする農山漁村地域で、自分の働きがいや生きがいを見つけ、それにむけて活動すれば、自己実現を得ることができるであろう。

NOTE

(1) 本章の内容を要約してみよう。

(2) 本章を読んだ感想を書いてみよう。

(3) 説明してみよう。

① Uターン、Iターン、孫ターンとは、なんでしょうか。

② 「ヨソ者、若者、バカ者」とは、なんでしょうか。

③ プロボノとは、なんでしょうか。

(4) 考えてみよう。地域づくりの担い手には、どのような能力が必要でしょうか。また、その能力を身につけるためには、どうすればよいのでしょうか。

(5)　調べてみよう。地域活性化プロジェクトの事例をいくつか取りあげて、成功要因を調べてみ
　　よう。

経営学のススメ③

地域づくりの文化と人材──必要なものはなにか──

　行政が主導する「トップダウン型（上から下へ）」の地域づくりも大切であるが、地域住民を中心に、NPO や社会起業家などによって行われる「ボトムアップ型（下から上へ）」の地域づくりが、本書の立場である。それは、地域の現場でつぎつぎと「わきあがる」知恵やアイデア、エネルギーに着目するアプローチであり、「創発型の地域づくり」という。これを可能にするには、どのようなことが必要であろうか。

　このアプローチでは、住民は行政に依存することなく、みずからが地域に関心をもち、良くしようとする「郷土愛」（civic pride）が必要である。地域づくりをしようとすれば、地域がどのような状態にあるかという「現状認識」が必要となり、どのような問題が発生して、どのくらい深刻であるかがわかるようになる。そして、当然のことながら、郷土愛があれば、状況を心配し、なんとかしなければならないという思いになる。

　とはいえ、多くの人びとはこのレベルにとどまっており、問題の解決に立ちむかうのに必要な「つき動かす力」や「アイデア」が不足している。しかし、なんとかしようと考え、つき動かす力やアイデアをもつ人材がいれば、他の住民に影響を与えることができる。第3章の本文で「推進者（プロモーター）」と名づけたこのようなアクティブな主体を「カタリスト」（catalyst、触媒）という。カタリストはそれ自体は少しも化学変化しないが、それがある状況のなかに混じると化学変化を発生させるものである。

　もし地域内にカタリストが不足、あるいは存在していない場合には、外部から導入することが必要になる。そして、そのためには地域に「開放性」や「対等性」の文化が必要である。これは、だれをも受け入れて対等に意見を交換できる文化であり、自分とちがった人間を受け入れる「異質性の受容」の文化でもある。

　農山漁村地域の衰退はこれまでに経験したことのない事態なので、これまでの常識や理論は通用しない。つまり、地域の再生や活性化はこれまでやったことがない「非常識」をやってみるという、なんでもありの世界でもある。したがって、非常識を行う人間（「バカ者」といわれる）をも受け入れる文化も必要である。

　さて、地域のカタリストとして若者に期待するところが大きく、高校生も対象となる。高校生が地域づくりの政策を提言する機会をつくっている地方自治体や、地域の課題や起業プランに取り組む高校も多い。たとえば、三重県多気町の相可高校による高校生レストラン「まごの店」は、地域住民、地元企業、農業生産者、行政などをも巻きこんでおり、まさにカタリストの役割を果たしている。

また、女性もカタリストとして期待される。“農業ギャル”、“山菜ガール”、“林業女子”などは、地域資源の活用をうながすカタリストである。基礎自治体で女性議員の比率が高い地域では、それまでとちがって地方議会が活発となり、子育てや福祉などの取組みが積極的になっている。

　さらに、新しいタイプの公務員もカタリストになっている。環境が変化するなかで、奇抜な企画をつくったり、地域住民やNPOなどとともに、地域の現場で仕事を行うことができる公務員にも、カタリストの役割が期待されている。

　つぎに、外部のカタリストの導入について見てみよう。東京在住者のなかで、若い世代と50歳代の男性に地方移住への希望が見られているという。「出身地であるから」、「大都市の生活がいやになって、スローライフを実現したい」というのが主な動機になっている。そのほか、「就農する」、「やりたい仕事がある」、「家業を継ぐ」、「自分にあった仕事がある」などが移住に積極的になる理由である。

　このような都市生活経験者の移住者のなかからカタリストが生まれる可能性は大きい。移住の推進には、行政による魅力的で積極的な導入政策や、地域内のカタリストの存在が必要である。たとえば、島根県の山間部にある邑南（おうなん）町は「日本一の子育て村」と、食のプロを育成する「A級グルメの町」でアピールしている。また、徳島県神山町では、NPO法人の代表である大南信也がICT系のベンチャー企業を誘致し、定住人口を増加させている。

　大都市の若者のなかにUターンやIターンする人びとも生まれており、ICTの活用などによって地域に変化をもたらし始めているし、それを推進する動きも見られる。

　また、「ふるさと回帰支援センター」や、海（大都市）から再び生まれた川（地域）に戻ることを女性にすすめる「鮭女（サケジョ）の会」などは、UターンやIターンを支援している。国が推進している「地域おこし協力隊」では、すでに全国で4,000名を超える隊員が地域づくりの課題（農林業や水産業支援、市街地の活性化、地域のブランド品づくり、地域の情報発信など）に取り組んできた。任期は最大3年で終了するが、その後も約6割がそのまま同じ地域に定住して、地域づくりの即戦力として活動している。

（設問１）　あなたが関心のある地域について、地域内カタリストの事例を調べてください。

（設問２）　地域おこし協力隊を受け入れている基礎自治体の事例を調べてください。

第4章

「チャンスの場」としての地域産業

　これまでの章を前提に、本章では、農山漁村地域が働いて生きるための絶好の場になっていることを示したい。すでに第2章で、地域に発生している問題を解決しようとすれば、新しい仕事やビジネスをつくりだせると述べたが、それだけでなく、これらの地域の産業が疲弊・衰退しているなかで、新たな挑戦が展開されており、きわめて多くのチャンスを生み出す場になっている。つまり、農山漁村地域には若い人びとが活躍できる機会が大きく開かれている。

　本章は以下に続く第5章から第9章までの序論となるが、本章を学習すると、以下のことが理解できるようになる。

① 　地域の活性化のために、かつては企業誘致の政策がとられてきたが、現在はそれにかわって、地域資源の活用による「自立的な志向性」が重視されるようになっていること。

② 　このような志向性が高まるなかで、全国各地で特産品づくりが精力的に行われ、よい意味で地域間や生産者間の競争が激化していること。

③ 　農山漁村地域における農林業・漁業、さらに製造業は不振といわれているが、変革への試みがいろいろなかたちで行われ、活躍の機会として期待できること。

④ 　交流人口の増加をはかるには、地域の観光資源の発掘と活用の視点が必要であること。

⑤ 　特産品づくりには、「地産地消」によって住民がそれを地域の「宝」であると思うことが大切であること。

第1節　地域産業の新たな挑戦

(1)　企業誘致政策からの脱却

　農山漁村地域の衰退が進むなかで、働く場の提供によって地域を活性化させるために、従来は基礎自治体を中心に企業誘致の政策がとられてきた。それは、若い世代が

大都市に働く場を求めて流出することを阻止するために行われてきた。

　その結果、多くの企業が農山漁村地域に進出し、工場などを開設した。基礎自治体も誘致を推進するために、工場団地の造成など企業を優遇する政策を行った。実際のところ、たとえば岩手県北上市のように、きわめて多くの企業誘致を成功させた地域もある。

　そして、企業誘致の政策は雇用を創出するなど、一定の成果を得てきた。しかし、グローバル経済の進展にともなう円高や、バブル経済の崩壊による企業のリストラクチャリング（事業再構築）の戦略により、農山漁村地域に進出した多くの工場が経営の重荷となり、ほぼ20世紀の末までに多くの工場が地域からの撤退を決定せざるをえなくなる。そして、その結果として、いうまでもなく、地域経済は大きなダメージを受けた。

⑵　地場産業の再生と地域資源の活用へ

　このようなきびしい状況のなかで、地域内で長く育成されてきた地場産業を再生させたり振興しようとする取組みも浮上してきた。それとともに地域にある第一次産業関連の資源を新たな視点で活用しようという自立的な動きが目立って台頭している。

　企業誘致がまったく否定されているわけではないが、農山漁村地域ではそれはむずかしくなった。そこで、自分たちがおかれた現実をしっかり見つめたうえで、知恵とエネルギー、さらにネットワークを活用することになった。これは、企業誘致という外部の支援を受ける地域づくりではなく、地域の内部でみずからの力で動いていこうという「創発的な」活動への転換ともいえる。

　このような「自立的な志向性」が顕著になっているのが現在の特徴である。人口減少と過疎化のなかで、地域経済はたしかに不振の状態である。それは、農林業・水産業人口の減少、小規模企業（製造業で従業員20名以下、その他の業種で5名以下）の大幅な減少、耕作放棄地の増加、商店街のシャッター通り化やさら地化、就業者の高齢化、後継者不足など、ネガティブなイメージで示されている。しかし、「自立的な志向性」を見るかぎり、農山漁村地域の産業がきわめて多くのチャンスを与えるチャレンジの場になっているのも事実である。

　この動きは全国的になっており、確実に成果をあげることができれば、地域は再生していくことになろう。

NOTE

⑶ 「知多前」が意味するもの

「知多前」（ちたまえ）という言葉がある。知多とは愛知県の知多半島のことであり、これは「江戸前」（えどまえ）と同じようなものとして考えられている。江戸前は東京湾でとれた魚介類、あるいはそれを素材にした料理でのことであり、全国的に知られた地域ブランドの代表例で、知多前の命名にはこれと同じものにしたいとの思いがある。

知多半島は伊勢湾、知多湾、三河湾に面し、ここでとれた豊富な"海の幸"と、半島南部でつくられてきた伝統の醸造文化（みそ、しょうゆ、酒、酢など）を組み合わせて、この地域の特産品やサービスを開発してブランド化する試みが知多前である。

この活動を中心になって行っている推進者（プロモーター）は、常滑（とこなめ）市のカフェギャラリーの経営者、伊藤悦子である。同市は常滑焼（陶器業）でも古くから知られているが、結婚で名古屋から移ってきた彼女は、周辺地域を巻きこんでこの活動をスタートさせている。

つまり、知多前は地域資源の活用によって特産品をつくろうという事例であり、注目したい。そして、このような動きは、現在では全国の各地域において盛んに行われている。

⑷ ふるさと納税が多くなる理由

2008年度からスタートしたふるさと納税が、制度自体の普及や、返礼品の競争もあって、2016年度には約2,800億円と大幅に増加している。寄付額がもっとも多かったのは宮崎県の都城（みやこのじょう）市で、約73億円である。2年連続でトップになっているが、返礼品の宮崎牛と焼酎で人気を集めている。第2位の長野県伊那市は約72億円で、地元企業の電子部品を使用したテレビなどの家電製品が人気になっている。

以下、"食"関連の特産品が好評な静岡県焼津市、宮崎県都農（とのう）町、佐賀県上峰町が続いている。また、三重県の鳥羽市や志摩市の真珠、新潟県三条市の包丁など、地場産業の産品にも関心が集まっている。

このような動向のなかで見えてくるのは、全国各地で地域資源を使った特産品の開発が活発に行われ、その成果を全国にアピールしたいという思いが強く現われていることであり、ふるさと納税の多さは魅力的な特産品を農山漁村地域がもっていることを示している。

NOTE

⑸ 「自立的な志向性」が強い地域の特色

　このように見てくると、「自立的な志向性」が強い地域には、とりわけつぎのような特色がある。そのひとつは、農林業、漁業などの第一次産業が主力産業になっていることである。大都市圏から遠く離れた農山漁村地域で、北海道を中心に中部・北陸、中国・四国地方では、企業誘致よりも地域資源を利用して自立しようとしている。また、大量の消費地に近接している東京首都圏や関西圏の地域でも、この傾向が見られている。

　もうひとつの特色は、地域が独特な地場産業をもっていることである。⑷で述べた事例でいえば、伊那市、鳥羽市と志摩市、三条市などである。

第2節　変わる農林業・漁業への期待

⑴ 「収益」のあがる農業づくりへの転換

　収益のあがる農業が注目されている。農林水産省の調査によると、2015年度の農業産出額のトップは愛知県の田原市で、約820億円に及んでいる。同市の農業従事者の平均年齢は60歳弱で、67歳という全国平均よりも若く、50歳未満が約4分の1を占めている。主な商圏である名古屋のほか、首都圏や関西圏の市場に野菜や花を出荷し、家族経営農家の約6割が1,000万円以上の「収益」を得ている。5,000万円以上を得る農家もあり、この地域では、「収益」のあがる農業を行っている。そして、今後の農業発展にむけて、若者を中心に経営やマーケティングの学習を重視している。

　農業産出額第2位の茨城県の鉾田市は約720億円で、農業従事者の平均年齢は60歳弱である。大規模な市場である首都圏への野菜の出荷がメインになっている。

　第3位は前節の⑷で述べた豚と牛の都城市、第4位はコメの新潟市であり、第5位は北海道の別海町である。この町は酪農が中心で570億円になっており、農業従事者の平均年齢が51歳とかなり若い。ただし、後継者不足が予想されるので、新規就農者の受け入れ体制を強化している。

⑵ 保護政策としての「減反政策」の終わりとブランド米の登場

　コメは日本人の主食であり、現在も農業の中核であるが、これまで生産調整として国が行ってきた減反政策が2018年に中止される。1960年代以降、食生活の変化

NOTE

によるコメの消費量の減少とともにコメ余りが始まった。需要の減少のなかで価格を維持するために、生産量をおさえて供給を制限するという減反政策が 71 年から本格化し、40 数年続いたが、それが終了する。

　農林水産省はこれにあわせて政策の重点を農業の競争力強化におき、「攻めの農業」の考え方を提示している。これにより農業従事者は種々の規制から自由となり、「自立的な志向性」が求められ、新たなチャンスが開かれることになった。

　このような「ポスト減反」に対応しようと、生産地ではブランド米開発の動きがいっそう加速している。1956 年に新潟県が「コシヒカリ」を奨励品種に採用して以降、「あきたこまち」、「ヒノヒカリ」、「ひとめぼれ」、「ななつぼし」などの有名ブランドが生みだされてきたが、現在「ゆめぴりか」、「青天の霹靂（へきれき）」、「銀河のしずく」、「だて正夢」、「つや姫」、「新之助」、「くまさんの輝き」など、新ブランドがつぎつぎに登場している。

　コメの消費量は減少傾向にあるが、ブランド米への需要は増えており、チャンスが到来するとともに、産地間や生産者間の競争は今後はげしくなるであろう。

⑶　農業生産法人の台頭と JA のイノベーション

　農業の主な担い手であった家族経営が減少するなかで、農業生産法人が新たな担い手として 2015 年に 1 万 8,000 件となり、約 20 万人を超える雇用の場になっている。その経営は必ずしも順調といえないが、経営の知識と ICT の活用によって収益を獲得できる「攻めの農業」を実践している。第 6 章でも述べるが、若い女性経営者、海道瑞穂は稲作農家の代行会社を富山県入善町につくっており、これも農業生産法人の事例である。

　また、全国各地の JA（全国農業協同組合、全農）も、みずからを変革する動きを見せている。かつては直売所の設置が多く行われていたが、現在では海外への輸出を試みたり、農作物に付加価値をつけて特産品にしようとしている。

　徳島県北東部の砂地地域でつくられるサツマイモは「なると金時」といわれるが、JA 里浦が「里むすめ」の名前でブランド化している。そして、高知県の JA 馬路（うまじ）村は農作物の加工業に進出し、ユズを使用してポン酢しょうゆや清涼飲料水を開発している。さらに、福岡県の JA 柳川は鉄道会社や酒造会社と連携して、イチゴ「あまおう」を使用したスパークリングワインの開発を行っている。これらは一例にすぎず、そのほかにも多くの試みが行われ、チャンスが創出されている。

NOTE

⑷ 「スマート林業」の活況化

第二次世界大戦後に植えたスギなどの人工林のなかで、伐採時期がきているものが多くなっており、林業ビジネスが活況を見せ始めている。しかしながら、林業においても労働力の減少と高齢化が進んでいるために、ICTなどを活用したスマート林業が展開され、林業は現在チャンスの場になっている。

たとえば、GIS（地理情報システム）の活用による森林管理や木材のウェブ入札が導入されたり、伐採した木材を運搬する機械の機能が向上している。また、森林体験のイベントなどによる林業への関心を高める動きも見られている。そして、第6章でも述べるが、いわゆる「林業女子」のグループも生まれている。

⑸ 漁業における特産品づくりの推進

海でとれても商品として規格外のものや深海魚などは、これまで雑魚（ざこ）として捨てられていた。それでは"もったいない"ということで、商品化しようという動きがIターン者などを中心に行われている。

また、素材だけでなく、加工品を含めて特産品にして全国にアピールし、販売高を増やそうとする動向もある。「フルーツ魚」はその一例である。これは地域の特産物である果物を飼料に使った養殖魚のことで、魚の生臭さをとり除いている。徳島県鳴門市の「すだちぶり」や香川県の「オリーブハマチ」をはじめとして、イヨカン（愛媛県）、カボス（大分県）、レモン（広島県）などが養殖用の飼料として利用されている。

さらに、漁業が主力産業である東日本大震災の被災地では、加工品を含む特産品づくりにこれまで以上に力を入れ、復興を図ろうとしている。岩手県宮古市の「三陸わかめ」、宮城県気仙沼市の「フカヒレ」、石巻市の「桃浦かき」、名取市の「赤貝」などはその一例となるであろう。消費者の魚ばなれが進んでいるといわれるが、第7章で述べるように、いま漁業は「とる漁業」から「つくる漁業」への転換も行われている。

第3節　地域製造業におけるイノベーション

⑴ "がんばる"地場産業の事例

きびしい環境のなかで、地場産業が健闘している地域もある。福井県の鯖江（さば

え）市はメガネのフレーム製造では国内シェアの90％を超えるが、一時は安価な中国製品に押されていた。しかし、長い時間をかけて育ててきたフレームづくりの技術をファッション性のある製品や、ICTと融合した製品に開発したり、外科用医療器具の分野に応用したりして、「イノベーション」（革新）の志向性を見せている。

　また、タオルの国内生産の50％以上を占める愛媛県の今治市も、第3章でも述べたが、ファッション性や高品質をセールスポイントにして、2010年以降確実に成長している。そして、"たわし"をつくってきた和歌山県海南市は台所用のスポンジや洗たく用のハンガーのほか、風呂やトイレなどで使用される「家庭用品」を地場産業にして、100社に及ぶ企業がたえず新製品の開発に努めている。

　さらに、広島市はバレーボール、サッカーなどのボール産業の聖地で、若者にはよく知られているミカサやモルテンという企業がある。それを支えてきたのは、ゴム縫製用の針とヤスリ技術である。これは、中国地方で発展し、明治時代には衰退した北広島町の「たたら製鉄」の伝統的な技術に源流がある。

⑵　伝統工芸品の可能性

　地域が産地になっている地場産業を考えるうえで、伝統工芸品を見る必要がある。国が指定する伝統工芸品は100年以上にわたって伝統技法が継承されているものであり、産地が多い織物をはじめとして、陶磁器（窯業）、漆器、刃物、木製家具、和紙など約200品目を超えている。この伝統工芸品はライフスタイルの変化や、安い輸入品の台頭による需要の低下、後継者不足が進むことで衰退してきた。

　そんななかで、日本人がもっている「和」のセンスと、若い世代がらくに使えることを重視しながら、伝統工芸品の再生を目指す動きが現在見られている。そして、輸出相手国の文化にあわせて海外展開をしたものもある。たとえば、岩手県盛岡市や奥州市の「南部鉄瓶」はヨーロッパや中国へ、福井県越前市の「ステーキナイフ」はフランスへ輸出され、福島県川俣町の「川俣シルク」は海外のファッションブランドと契約するほどの高い評価を得ている。

　外国人観光客の増加が顕著になっているなかで、伝統工芸品は販売戦略しだいで衰退から新たな再生へ、さらには発展していくことも可能となろう。九州産業大学の学生たちは佐賀県有田町の「柿右衛門」（陶器）を研究したり、福岡県の博多織を使った製品をデザインしている。また、異なった品目の産地の企業どうしの交流やコラボレーション（協働）が発生しており、これらの活動のなかから今後イノベーションが

実現する可能性が期待できる。

第4節 「人を地域に呼びこむ」戦略

(1) 観光資源になる「歴史的資源」

歴史的資源は地域に住む人びとが長い時間をかけてつくりあげてきた「人工的な遺産」である。具体的には、独特の食文化やライフスタイル、祭りや年中行事などのしきたり、伝統芸能や伝統工芸、神社仏閣、お城、偉人の遺跡、歴史的な公共施設、温泉施設などであり、なかにはすたれたものもあるが、住民の誇りである。

このようなプライドになるものは地域の「宝」であり、観光資源となって「人を呼びこむ力」をもっている。この力はイベントなどの開催と組み合わせると、さらに効果を発揮することになる。

定住人口の増加は容易ではない。しかし、人を呼びこむ力があれば、外国人を含めて交流人口の増加が地域にもたらされる。これも地域の再生や活性化に貢献する。したがって、地域住民はもとよりUターン者やIターン者による歴史的資源の発掘と活用が大切になる。

(2) 重要な地域資源としての町並みや里山

農山漁村地域にも、かつて人びとが集中して住んでいたところには古い時代の「町並み」がある。そこには住宅や小売業やサービス業の店舗などがあって、商店街が形成されていた。また、かつて交通の重要な地点であったところには、宿場町や産業の集積地の旅館の跡などもある。そして、少し離れると田畑や森林があり、いわゆる「里山」が出現する。

このように町並みや里山が美しく、昔を思い出させるものであれば、人を呼びこむ力をもっている。徳島県美馬（みま）市の脇町はその例で、「うだつの町並み」として知られている。うだつは近隣で発生した火事を避けるための、2階の壁面からつきだした火よけの壁であり、江戸時代以降の豪商たちが競ってつくっている。それは独特な景観をつくりだし、国の重要伝統的建造物群の保存地区に指定されている。そして、このような町並みの景観は滋賀県の長浜市、埼玉県の川越市など、他の地域にも多くある。

また、高知県の梼原（ゆすはら）町の棚田・千米田は、里山景観の例である。平

地のない山あいのため、そこでコメをつくるのはむずかしく、傾斜地に小さな田（棚田）をつくるが、それを高い場所から見る風景は美しい。さらに、近年ではホタルを復活させた里山がかなり増え、人気を集めている。

⑶　地元の支持が大切！

これまでに述べた他の産業と同じように、観光業にとって大切なのは「地産地消」的な考え方である。つまり、地域住民が自分たちの地域でつくりあげてきたものを"とてもよい"と愛好し、地域の誇りや宝であると思うことである。

特産品や観光資源を全国的に知られたものにすることは、「自立的な志向性」の考え方に適合している。しかし、全国的に知られたものにする以前に、それらを地域の人びとのプライドにすることが必要である。そのためには、地域の特産品を地元で消費（地消）して"よい"ものと思ったり、観光資源の場合には、地域住民がそれを楽しんでよかったと思うことである。その意味では、多くの人びとが参加し、それを楽しむことができる「祭り」は、まさに「地産地消」の好事例となる。

第5節　まとめ

一般的に農山漁村地域の産業は不振の状態にあると見られている。たしかにそのような一面もあるが、「自立的な志向性」のもとで、新たな挑戦がさまざまなかたちで行われており、現在変化の波のなかにある。そして、このような挑戦を見ると、地域産業がきわめて多くのチャンスを与える場であり、人びとが活躍できる舞台が大きく広がっていることがわかる。

つまり、地域における産業はまさに「チャンスの場」なのである。そして、このチャンスを活かして働き生きることは、地域づくりの担い手になることを意味している。

本章を土台にして以下の第5章から第9章までの学習を進め、どのような産業が自分にとってチャンスの場になるのかを考えてほしい。

NOTE

(1)　本章の内容を要約してみよう。

(2)　本章を読んだ感想を書いてみよう。

(3) 説明してみよう。

① 「知多前」とは、なんでしょうか。

② 歴史的資源とは、なんでしょうか。

③ 伝統工芸品とは、なんでしょうか。

(4) 考えてみよう。企業誘致政策から自立的な地域資源活用政策への転換には、どのような背景があるのでしょうか。

(5) 調べてみよう。変革を試みている地域産業の事例を具体的に取りあげて、チャンスの存在を
調べてみよう。

経営学のススメ④

地域産業を考えるための“地域資源”の意味

「自分が住んでいる地域には資源がない」とよくいわれる。これは、とりたてていうほどの特産品（ブランド品）や名所旧跡といったものがないというのがその意味であろう。しかし、このような発言には、はっきりとした根拠があるわけではない。自分の居住している地域に全国的に有名な特産品や集客力がある観光地がない場合、それをもっている地域と漠然と比較して、このような発言がでている。

しかしながら、本当にその地域に利用・活用できる資源がないのであろうか。地域で働き、仕事がなければ自分でつくって生きていこうと考えるならば、それを確認して地域資源の有無や独自性を調べる必要がある。つまり、地域がどのような能力をもっているのか、またどのようなポテンシャル（潜在能力）があるのかを知ることは、農山漁村地域にチャンスを見いだそうとする人間にとって大切なことである。

それでは、地域づくりにとって必要な、そして使用できる資源にはどのようなものがあるだろうか。以下が主なものである。ⓐ 自然的資源、ⓑ 歴史的資源、ⓒ 産業的資源、ⓓ 住民という資源、ⓔ 行政的資源、ⓕ ネットワーク資源

まず第1は、本書が対象にしている農山漁村地域で大きなウエートを占める「自然的資源」である。これには主に地理的なものと気候的なものがある。前者は、土地が肥えていて農業に適している、盆地である、美しい山や川がある、おいしい鮮魚がとれる良港である、大都市に近い・遠い、地下に天然資源や温泉がある、などである。後者は、温暖・寒冷である、朝晩の寒暖の差が大きい、雨や雪が多い、風が強い、四季がはっきりしている、などである。別の言葉でいうと、自然的資源は地域がおかれている「自然的環境」でもあり、資源として使用できるものもあるが、できないものもある。

「歴史的資源」は、おかれている自然的環境のなかで、その地域に暮らしてきた人びとが長い時間をかけてつくりあげてきた「人工的な遺産」（レガシー）である。農山漁村地域で生きてきた人びとは長い歴史のなかで自然を恐れながら知恵をだし、創意工夫を行い、自然的資源を利用しつつ生存を維持してきた。そのようななかから、地域に独特の食文化やライフスタイル（生活様式、祭りや年中行事などの伝統的なしきたりや習慣など）が生みだされてきた。そして、生活を豊かにするための伝統的な工芸技術や芸能が発達した。

また、歴史的資源は、神社仏閣、お城、地域の発展に大きく貢献した人物の遺跡、歴史のある公共建造物（役所、学校、橋など）、町並みや棚田などの景観としても残されている。そして、こうした目に見える人工的な遺産は山や緑、川などの自然的資源のも

つ景観と一体化し、調和することでその価値をいっそう高めている。

　歴史的な資源のなかには、その発展や保存にかかわる人間や後継者がいないなどのためにすたれたり、消滅してしまったものもあるが、地域にとっては誇り（プライド）となる資源であることが多い。そして、これらは現在では観光資源としても活用されているので、産業的資源でもある。

　「産業的資源」は、働く場の確保にかかわるとともに、地域経済の源泉となるものであり、現在地域にどのような企業や産業が立地し、どのような構造になっているかということである。たとえば、農林業や水産業などの第一次産業は、農山漁村地域に占めるウエートが大きい。ただし、企業城下町や地場産業がある地域では、工業、製造業、モノづくりなどの第二次産業のウエートが比較的高い地域もある。つまり、それぞれの農山漁村地域にどのような企業や産業が実際に活動しているかを知ることが大切である。

　「住民という人的資源」は、まさに地域づくりの主体となる資源である。とくに、第3章で述べた「推進者」（プロモーター）は地域づくりの原動力であり、地域イノベーションを生みだす変革の力にもなる。

　「行政的資源」は、地域づくりに重要な役割を果たしている。行政は税収によって公共施設の整備や公共サービスの提供を行っているが、さらに住民の「イコール・パートナー」として対等な関係で住民をサポートし、地域づくりが積極的にスムーズにできるような制度や文化をつくることが求められる。また、行政人材などのレベルアップを行うことも大切である。そして、現在は地域どうしの連携も重要になっているものの、都市や地域間の競争がはげしくなっているので、行政的資源の力量が大きく問われている。

　最後の「ネットワーク資源」は、第3章で述べた開放性の文化に関係している。地域づくりにはだれをも受け入れる開放性の文化が必要であるが、これはだれとも交流し、関係をつけることを意味している。地域内外の人びとを結びつける交流や関係づける文化が定着しているならば、ネットワーク資源があることであり、地域づくりを推進することになる。

（設問1）　地域資源とはどのようなものかを各自まとめてください。
（設問2）　自分がUターンやIターンになったと想定して、具体的な地域をとりあげ、　　　　　どのような資源をもっているかを調べてみてください。

第5章

農山漁村地域のブランド品づくり

　農山漁村地域の活性化において、従来の企業誘致中心の政策から地域資源を活用した特産品づくりという地域経済による「自立的な志向性」への転換が強まっている。この特産品をさらにブランド化し、国内だけでなくグローバルに発信して、地域の活性化に役立てるという創発型・内発型の地域づくりが現在の動向である。それは、地域住民のみならず、Uターン者やIターン者にとってきわめて大きなチャンスになっている。

　そこで、本章では、地域ブランドの意味と、地域ブランドを創造しようとする人びとへのヒントを説明する。本章を読むと、以下のことが理解できるようになる。

①　現在、地域の内部から湧きあがる「創発型」といわれる主体的な活動によって地域づくりを行う必要があること。

②　地域ブランド（地域のブランド品）には、地域資源を用いた商品のブランド化だけでなく、地域がもつイメージのブランド化という意味があること。

③　地域ブランドとはなにか、またどのような商品がブランド品として認められているのか。

④　地域ブランドを創造しようとするときのポイントとはなにか。

⑤　地域ブランドの創造が地域イメージを向上させること。

第1節　「創発型の地域づくり」への転換

　現在、都市地域と農山漁村地域とのギャップが大きくなっている。東京などの都市地域では、高層マンションや大型商業施設がつぎつぎに建設され、人口の流入が続いているが、農山漁村地域では、人口の流出と居住者の減少、少子高齢化に悩んでいる。そのような過疎地域では、地元の小売り業や製造業もまた弱体化している。そのため、公共施設などの社会インフラだけでなく、耕作地や里山、さらに伝統的祭礼・民俗芸能など、有形・無形の地域資源を維持することが困難になっている。

NOTE

地域の経済的な自立性と活性化のためには、地域資源を開発して新しい地域の特産品として創造し、これを広くアピールすることが求められている。

　これまでの地域活性化対策は、工場や事業所の誘致を中心にして、大学などの教育・研究機関の設置、公共事業の推進などに依存してきた。しかし、こんにちの地域づくりは、Uターン、Iターン者を含む地域住民のフツフツと湧きあがる熱意や創意工夫をベースにした「創発型」、「内発型」のものである。そして、その代表的な手法のひとつが、地域ブランドの創造による地域づくりである。

第2節　地域ブランドの意味

(1)　地域ブランドとはなにか

　われわれは「ブランド」と聞くと、シャネルやルイ・ヴィトンなどの高級なデザイナー商品や企業名を連想することが多い。しかし、ブランドはたんなる「企業名」でも「商品名」でもない。

　ブランドとは、もともとは家畜の身体や陶器の裏面に焼印を刻することで、その所有者や製造者を明確にすることが目的であった。つまり、ブランドにより、自分の所有物や商品を他者のそれと明確に区別することができる。

　商品を提供する側にとってブランドのもつ機能は、①自分たちの独自性をアピールする、②模造品（コピー商品）を排除する、③製作者により品質を保証する、④商品に瑕疵（かし）があったときの責任の所在を明らかにする、などである。

　一方、消費者の側にとっての意味は、①その品質に不安を抱くことがなく、②信頼できる商品を見つける時間と労力が省け、③それを所有することで、所有していない人と自分を区別できる、などのメリットである。

　そして、現代の消費者はこのメリットに大きな価値を見いだしており、ブランド名を聞いただけで、具体的な商品をイメージできる。つまり、ブランドはほかのものと明確に差別化できる価値の象徴であり、多くの消費者の間で高い評価が確立している商品を意味している。

　これと同じように、地域ブランドもブランドである以上、他の地域の商品にはない独自性をもち、ユーザー（利用者）がその独自性を理解し、その価値を納得しなければならない。したがって、地域ブランドの開発者は、地域内に存在する有形・無形の地域資源のなかから、独自性があり、ユーザーにメリットを与えられると思われる

NOTE

「商品のヒント」を見つけだし、それを商品化することが求められる。そして、ユーザーがその商品を「他地域のそれと明らかに異なる独自の価値がある」と認めたとき、その商品ははじめて地域ブランドとして認識される。

⑵　ふたつの地域ブランド

　地域ブランドは一般に、ふたつの意味をもっている。ひとつは地域資源の特性を活かして創造された商品がブランド化した「地域ブランド」であり、同時に地域がもつイメージがブランド化された「地域イメージ・ブランド」でもある。そして、このふたつが相互に良い影響を与えあい、それぞれの価値を高めながら、地域外から人材や資金を呼びこみ、地域に持続的な発展をもたらすことが期待される。

　たとえば、「越前がに」、「秋田比内地鶏」、「魚沼コシヒカリ」、「大分県の関（せき）アジ・関サバ」などは、地域の特産品がブランド化したことで、その地域の認知度が高まるとともに、イメージも向上した事例である。

　一方、京人形、京扇子、京菓子、京野菜などは、京都がもつ「伝統的」、「古い日本の良さが残る」、「落ち着きがある」、「優雅」といったイメージを商品開発に応用してブランド化している。また、北海道のバターや牛乳などは北海道がもつ「雄大な自然」、「素朴さ」、「おいしい食べ物が多い」などのイメージを製品に具現化している。

⑶　「地域団体商標制度」に登録された商品

　ある商品がブランドになるかいなかを決めるのは、商品の提供者ではなくて、購入するユーザーの側である。しかし、その意思決定の過程は内面で行われているので、外部からは見えにくい。そのため、消費者がどのような商品をブランドとしてとらえているかを把握することは容易ではない。

　ここではその手がかりとして、「地域団体商標制度」に登録された商品を取りあげて、地域ブランドを開発するときの参考にしたい。この制度は2006年に商標法の一部が改正され、一定の要件を満たせば地域名と商品（サービス）名の組合せからなる商標（地域ブランド）の登録を認め、その商標使用権を保護するものである。

　その要件は、それが地域と密接な関係性をもつ商品であり、その商品が消費者に広く認知されていることである。それゆえ、この制度に登録された商品を見れば、地域ブランドのおおよその特徴がわかる。

　2016年2月現在、この地域団体商標として592件が登録されている。その内

訳を見ると、野菜、コメ、果実、水産品などの農水産物が210件を占め、これに加工食品、菓子や酒などの飲料を含めると、その登録件総数は337件で全体の約6割弱を占める。このことから、地域ブランドは農業や水産業などの「食」に関連した商品が多いことが理解できる。

そして、地域ブランドの多くが「食」に関連したものであるのは、食関連市場の規模が大きいために新規参入しやすく、また商品を創造するときに、農水産業、食品加工業や流通・販売業など多くの人びとや組織を取りこむことが可能なので、活動に多様性が生まれるからである。このような状況にも、Uターン者やIターン者にとってチャンスがある。

また、地域ブランドを創造しようとする人びとや組織が地域内に存在し、それらの連携による相乗効果が発揮できれば、地域を活性化する活動に厚みがでると同時に、国が推進している「農商工連携」の実践例となり、行政からの支援も期待できる。

さらに、地域の農林漁業（第一次産業）に従事する個人や組織が製造（第二次産業）や流通・販売（第三次産業）までを総合的に取り組めれば、農林漁業の「六次産業化」が達成できる。それだけでなく、中間取引の費用がカットされ、商品の利益率が高まるというメリットが生まれる。

第3節　地域ブランド創造のポイント

⑴　対象地域の検討

地域ブランドを創造するとき、「地域」の範囲をどのように考えるかがまず問題になる。通常は基礎自治体となる市町村という行政単位で選ぶことになる。しかし、同じ行政区画であっても、山間部と沿岸部では自然、歴史や産物などの地域資源が同一であるとは限らない。

一方、地域の範囲を行政区画を越え周辺地域を含めて広範にとらえたほうが、特徴あるブランド品ができることもある。たとえば、「能登丼」は地域団体商標に登録されているが、それは、石川県能登地区で隣接する2市2町（輪島市、珠洲市、穴水町、能登町）が合同して、この地域のブランド品づくりを行っている。

そして、その場合、地元で採れた旬の魚介類、肉類や野菜を食材に用いる、能登産の器と箸を使用する、使用した箸は利用者にプレゼントする、という3つの共通ルールはあるものの、それぞれの市町村が「能登海鮮丼」（珠洲（すず）市）、「能登海鮮

NOTE

たたき丼」（輪島市）、「のと海鮮丼旬の物入り」（能登町）などとして、特徴ある商品づくりを行っている。

　たしかに、基礎自治体を越えて地域ブランドを開発すると、多様な現場で開発が行われるので、品質管理や広報宣伝などをだれが行うのかという全体の調整問題が生じる。しかし、この「能登丼」の場合、たんに地域の特産品である魚介類や能登牛を売るだけにとどまらず、実際に提供される商品にも多様性があるため、「食べ歩きによる観光」ができるという相乗効果も期待できる。

⑵　地域ブランドの「独自性」と「付加価値」

　地域ブランドを開発するとき、ほかの地域で成功した商品や時流に乗った商品のコピーや模倣は行ってはならない。むしろ、地域が本来もっている自然や文化、歴史、人びとの暮らしぶりのなかから、独自な資源を見つけだし、それに基づいた商品化を目指す必要がある。

　なぜならば、こんにちの消費者は「本物」の価値を求めており、模倣や誇張、ねつ造を嫌うからである。そのため、地域ブランドが誕生した必然性をウソや作為をまじえずに消費者に伝えて、納得してもらう必要がある。それができなければ、その商品は消費者からの強い支持をえることができない。

　これに関するヒントは、たとえば大分県の「関（せき）アジ」にある。これは豊予（ほうよ）海峡で漁獲され、大分市の佐賀関で水揚げされている。アジは一般に回遊する魚であるが、豊予海峡にはエサが豊富にあるため、関アジは回遊せず同海峡に住みついている。それゆえ、それは佐賀関の独自商品である。

　一方、同地の漁業者はアジを傷つけることを避けるために、漁網を用いず、一本釣りを行っている。また、流通市場にだす際には、生け簀（いけす）を泳いでいる状態で取引する「面買い（つらがい）」や、生きたままアジの延髄を切断してしめる「活〆（いけじめ）」という手法を用いている。それは、生け簀からの出し入れがアジのストレスを生んで鮮度を劣化させるからであり、活〆を用いると、しないのにくらべて長く鮮度を維持できるからである。

　この「関アジ」は佐賀関地域との関係性が明瞭であり、虚がなく、独自性も高い。さらに、エサが豊かで海流の早い豊予海峡で育っているため、もともと肥育がよく、身が引き締まっているという商品本来の品質の高さに、徹底した鮮度管理が加わって高付加価値を生みだしている。この価値があるからこそ、「関アジ」は価格が高いに

NOTE

もかかわらず、多くの消費者に好まれている。地域のブランド品づくりを推進する際には、このような視点で地域資源を見直す必要がある。

(3) 日常生活にあるヒント

とはいえ、「関アジ」のような独自性を発見することはかならずしも容易ではない。なにが独自性であるかは地域住民が決めるのではなく、広く消費者が感じるものである。そのため、地域住民にとって「ありふれたもの」、「平凡なもの」、「なんでもないもの」が外部から見れば斬新な商品に思えることが多い。そして、そのような斬新さは意外にも、地域住民の日々の暮らしの営みのなかから見いだせるであろう。

たとえば、静岡県の「富士宮やきそば」は、その典型である。このやきそばは地域のグルメ・ブランドで町おこしをもくろむ PR イベント「B1 グランプリ」において、2006 年と 2007 年にゴールド・グランプリを獲得している。その特徴は、ゆでずに蒸した麺を使用するため、一般の焼きそばに比べて麺のコシが強い。また、具材には肉ではなくラードを絞った油かすを加え、鰹節ではなくイワシの削り粉をまぶして提供されている。そして、麺のコシの強さ、油かす、削り粉がその他の地域の焼きそばに見られない「富士宮やきそば」の独自性である。

ところで、それは B1 グランプリ用に開発されたわけではなく、1945（昭和20）年ごろから富士宮市の一般家庭で食べられており、同市の街かどにある駄菓子屋などの店先でも販売されていた。つまり、それは富士宮市の「ソウルフード（soul food)」であった。そして、この焼きそばが元来もっていた独自性と素朴さがグランプリの場で評価されて、いまでは全国で販売される地域ブランドへと成長したのである。

地域のブランド品に独自性が必要といっても、消費者の関心を集める新奇な商品をゼロから創造することではない。むしろ、ヒントは富士宮やきそばのように、地域住民の日々の暮らしのなかにある。したがって、地域のブランド品づくりを試みる人びとは、日々の暮らしの営みに注意を払う必要がある。つまり、多くのヒントは意外にも足もとに潜んでいる。

(4) 自主性と消費者参加の必要性

地域ブランドを開発するには、移住者を含め、多くの農家や農協、漁協、食品加工業、流通業などに従事する人びととの連携が必要である。しかし、多数の人間や組織が

NOTE

関与するために、しばしば商品の完成度にバラつきが生じやすい。また、事業が零細、小規模であるため、大企業が行うような徹底した品質管理がむずかしい。そこで、商品の規格化や第三者認証システムなどを利用して品質の均一化を図る必要がある。

ただし、その規格化や品質管理をどこまで徹底するかについては議論が残る。なぜなら、地域ブランドの開発においてもっとも重要なことは、それが地域の創発的・内発的な行動であり、地域内で湧きあがる情熱やエネルギー、知恵である。また、適度の競争原理を導入することで各自が切磋琢磨して、より良い商品や販売・広告の方法を考えだすことが大切である。

岐阜県郡上（ぐじょう）市の地域ブランドである「奥美濃カレー」は、地域の人びとが昔から愛用していた郡上の味噌を隠し味に使い、地元の食材を活用するという条件はあるが、カレーのルーやメニューづくりには参加者の自主性を認めている。その結果、市内に「天然鮎みそカレー石焼」、「肉みそカレーピザ」などの多様な関連商品が生みだされている。

そして、この「奥美濃カレー」の場合、一定の制約はあるものの、開発者の主体性を重視してエネルギーと知恵を引きだし、たがいに競争しながら地域全体の発展を目指しており、このような姿勢が地域のブランド品づくりに求められる。

他方、兵庫県姫路市の地域ブランド「姫路おでん」は、おでんに生姜醤油をかけたり、刺身のようにそれに浸して食べるが、これは他の地域にはない特徴である。ところが、おでんの具材は地域内でほぼ同一であり、変化がない。

そこで、「姫路おでん」では「姫路おでん種コンテスト」を開催し、消費者からアイデアを募り、優秀作に選ばれた具材を市内の「姫路おでん」提供店に推奨している。これにより、具材を多様化し、消費者に好まれ、あきられないようにしている。

⑸　地域生産者と消費者の相互信頼

地域ブランドの創造は、その商品が消費者の手元に届き、それがくり返し購入されたとき、はじめて目標を達成する。そのため、流通チャネルをいかに構築するかが課題になる。

チャネル構築の手段として、たとえば、①各地の「道の駅」に販売コーナーをもうける、②都道府県が運営するアンテナショップに商品を陳列する、③販売促進のために直営店を開設する、などがある。さらに、ICT 社会である現在では、ネット販売も

NOTE

活用できる。

　その際、商品の注目度を高めるために、著名なブロガーやユーチューバーと提携すれば、フォロワー数が多いので効果的な販売ができる。また、重視すべきは、SNSの登場により、生産者と消費者のコミュニケーションがインターネットの一方向性（ワン・ウェイ、生産者から消費者へ）から双方向性（ツー・ウェイ）へと変化していることである。

　つまり、消費者は自分の消費体験を他の人びとと共有するとともに、その情報が起点となってつぎつぎに消費が拡大する状態になっている。そして、生産者は消費者とのコミュニケーションを通じて自分たちの商品の利点をアピールし、あるいは欠点を把握できる。したがって、双方向のコミュニケーション環境を構築することも、地域のブランド品づくりの関係者には求められている。

第4節　地域イメージ・ブランドとの関係

⑴　地域ブランドと地域イメージ・ブランドの相乗効果

　前述したように、地域ブランドと地域イメージ・ブランドは、相互に良い影響を与え合うことが求められている。たがいの陳腐化を防ぎ、地域の活性化を持続させるためである。しかし、実際は東京や大阪などの大都市、京都や奈良などの歴史が長い地域、旅行や仕事などで訪れたことがある地域などを別にすれば、消費者は国内の全地域に対して明確なイメージをもっているわけではない。

⑵　「地域ブランドに関するジレンマ」の解消

　たしかに、明確なイメージをもたれている地域では、ブランド開発者はそこから連想できる商品を創造しやすいし、消費者も抵抗なく受け入れやすい。しかし、そのようなイメージがない地域では、商品開発を行っても、それと地域との関連性を消費者に納得させることは困難であり、なかなかブランド品にならない。ここに、「地域ブランドに関するジレンマ」がある。

　このジレンマを解消するには、地域イメージ・ブランドよりも地域のブランド品を優先するとよい。なぜなら、それは無形のイメージと異なり、実体があって、消費者にわかりやすいからである。

　ただし、地域で商品がブランド化するには、それなりの実績、たとえばマスコミへ

の露出や販売量などが不可欠である。そして、この実績づくりは商品の市場規模、消費者ニーズの強さ、販売する商品の独自性などと関係している。それゆえ、ブランドの開発者は性急に商品開発に着手せず、市場調査をくり返しながら実績を積みあげることが大切になる。

第5節　まとめ

　「地域ブランドの創造」は、地域がもっている資源になんらかの付加価値を追加し、消費者の満足を高めることで、地域に活力を与えることが目的であり、地域が持続的に発展するためのシンボルになる。

　しかし、地域ブランドの創造はつねに成功するわけではない。成功するためには、商品そのものの高品質さを保証するだけでなく、地域がその商品を生みだした必然性などを説明できることも大切である。また、地域ブランドの創造に携わる人びとや組織のあいだで一体感を保ちながら、参加者の主体性や競争意識をいかに高めるかなどが課題である。

　また、地域ブランドの創造は一時的な活動にしないで、それを継続させて、より高次の段階へと地域を発展させなければならない。地域を変えたいという義務感や悲壮感だけでは、この活動は長続きしない。むしろ、地域住民が少しずつでも変化を感じて満足することが大切であり、この活動に参加したいという気持ちをいかに醸成するかが重要である。

《One Point Column》

行きたくなるふるさと "ナンバー・ワン" はどこか

全国ふるさと甲子園は、国の後援のもとで年1回開催されている。映画やドラマのロケ地になった地域が全国から集まって、「ご当地グルメ」や「特産品」などでアピールして一般来場者の投票でナンバー・ワンを決めている。

(1) 本章の内容を要約してみよう。

(2) 本章を読んだ感想を書いてみよう。

(3)　説明してみよう。

① 　地域のブランド品づくりで大切なこととは、なんでしょうか。

② 　「地域団体商標制度」とは、なんでしょうか。

③ 　地域イメージ・ブランドとは、なんでしょうか。

(4)　考えてみよう。著名で人気のある地域ブランドであっても、その寿命は永遠ではなく、いつかは衰退する運命にある。しかし、なぜ衰退してしまうのでしょうか。その理由を考えてみよう。

(5) 調べてみよう。あなたの自宅の近くにある道の駅、アンテナショップ、または地域の物産館を訪問し、あなたの町のブランド品を調べてみよう。

経営学のススメ⑤

「山」と「島」に学び、活かす！

　日本列島には森林、つまり「山」が多い。そして、海に囲まれたまさに島国であり、列島のまわりにはさらに多くの「島」がある。

　山には山林がある。かつて山林の材木は炭（すみ）や薪（まき）などの燃料や建築用の資材になった。また山林は山菜やジビエ（野生動物の肉や皮）などの食料の供給源でもあった。そして山林はそれぞれの村落で共同利用されていた。

　現在でも材木は薪として利用されている。東日本大震災の被災地である岩手県大槌町のNPO法人「吉里吉里国」は、材木だけでなく倒壊した家屋の廃材も、お風呂や暖房に再利用（リユース）する活動を展開している。また、高知県のNPO法人「土佐の森・救援隊」から間伐のやり方を学習し、山の資源を活かそうとしている。この地域の民有林の多くは漁業関係者が所有しているが、間伐ができずに荒れていたり、津波により立ち枯れたものも多い。間伐して薪にすれば、そこに「働く場」ができ、それとともに、栄養豊富な水が海に流れこんで漁場が改善されて水産業にも役立つという。

　ところで、現在の山はシカ、イノシシなどの野生動物の増加によっても荒廃が進んでいる。農作物や森林が被害を受けており、これらは駆除の対象になっている。そして、駆除された動物の皮などは利用されている。石川県の羽咋（はくい）市では、周辺地域から集めたイノシシの皮を革製品に開発・販売し、同じように福島県の伊達市はイノシシ革「ino DATE（イーノ伊達）」のブランド化を展開して、キーホルダーなどとして販売している。そして、広島県の安芸高田市は、毎年3,000頭前後のシカを殺処分しているが、2016年からエコバッグなどに活用するプロジェクトを開始している。

　野生動物の駆除には賛否両論あるが、数を適正なものにしないと、人間の生活が被害を受けるというきびしい現状がある。野生動物については革としての利用のほかに、食用にもされている。イノシシでは体重の60％、シカの場合20〜30％が食用になり、レストランや通信販売に提供されている。そして、このような野生動物の駆除作業も「働く場」となっている。

　山の資源でもうひとつ注目されるのは、「究極の家畜」といわれる養蚕（ようさん）に復活の兆し（きざし）が生まれていることである。まゆの生産量は1930年頃がピークで、約40万トンに達していた。しかし、1975年には10万トンに割りこんでいる。その後も第二次世界大戦後の化学繊維の出現と、安価な中国生糸の輸入によって衰退を続け、1998年には、生産量が1,980トン、農家戸数約5,000戸になっている。そして、2015年には135トン、約370戸にまで極端に減少している。

しかし、現在ではまゆを製糸業のためだけでなく、化粧品や医療用品などの原料として利用する新たな動きを見せている。養蚕農家がもっとも多いのは約130戸ある群馬県であり、次いで香川県や長野県などに散在している。熊本県の山鹿（やまが）市では、現在年間最大で100トン生産できる国内最大の養蚕工場が操業を開始している。

　また、わが国の在来品種である「小石丸」は「皇室のまゆ」といわれ、注目を浴びている。胴がくびれた俵（たわら）型の小石丸は、一般的なものとちがって、極細（ごくぼそ）の糸であり、つややかで光沢がある高級品である。

　山から海に話を移してみよう。日本列島のまわりには、多くの島があるが、島も衰退の状況にある。

　セメントの生産で知られた大分県津久見市にある保戸島は、四浦半島の沖、豊後水道にあるが、周囲約4キロメートルの面積で、海岸まで山地がせまっているために平地は少ない。石段が多く、家と家の間隔が狭くなっていて、家々がつらなって見える地区である。そこはマグロの遠洋漁業の基地として、明治の中ごろから1930年代まで栄えていた。そして、1950年代以降再び活況を見せ、木造の家屋が鉄筋コンクリートづくりになって、現在の風景に変わっている。しかし、現在ではマグロ漁業もかつての勢いを失い、最大で3,000名いた住民は1,000名を切っている。

　山形県酒田市の飛島（とびしま）は酒田港から北西約40キロの日本海に位置している。いうまでもなく、昔から漁業の島であり、最盛期約1,800名の人口があったが、現在では200名前後にまで減少している。

　ところが、ここ数年この島に若者たちが移住し、島の再生にかかわっている。ここにUターンした渡部陽子、Iターンの小川ひかりと松本友哉などが中心になって、開設費用が定額ですむ「合同会社とびしま」を2013年に設立して、カフェの運営、観光ガイド、特産品の開発・販売などの外からの来訪者に対するサービス、そのほか地域住民のための各種のサービス（草刈り、除雪、水道管理など）の提供を行っている。

　現在では移住者も増えてきており、今後も増やしていこうと活動している。また、新潟県の粟島、佐渡島とのあいだで住民どおしの交流が行われるなど、島の地域住民自身も地域づくりにかかわるようになっている。

（設問1）「山」の再生で、あなたが関心のある事例を取りあげて、検討してみてください。

（設問2）「山」と「海」は関係がないように思われるが、そうでないことを本コラムをヒントにして考えてみてください。

第6章

農林水産業の新たな挑戦

　農村・山村・漁村をわが国の原風景として思い描く人は多い。価値観・職業意識が多様化するなかで、都市地域での生活をやめて、そのような農山漁村地域にUターン、Iターンして、生活の質の向上や生きがい・やりがいを求める人が増えている。

　これまで農山漁村地域の主力産業である農林業と水産業は、私たちの日常の生活だけでなく、地域の社会と経済を支えてきたが、現状ではこれらの産業をめぐる環境と経営はきびしい。

　しかし、他方で、これらの産業を新しい発想や先端技術の利用・活用によって再生・復興する動向もあり、いま大きな変化のなかにある。その意味では、農山漁村地域にUターン、Iターンを目指す人びとがこれらの産業にチャンスを見つけることができる。

　本章を学習すると、以下のことが理解できるようになる。

① 農林業と水産業の分野への参入規制が緩和されたので、個人や法人の新しい参入者（ニューエントリー）が増加していること。

② 農林業と水産業の分野にも、ロボットやICTなど最先端の科学技術の利用・活用が進んでいること。

③ これらの分野で「六次産業化」というビジネスモデルで再生・復興を図る動きがあること。

④ 農林業や水産業の分野に若い世代もチャンスを感じてチャレンジしていること。

第1節　農林水産業へのニューエントリー

⑴　農業への参入者の増加

　昨今、大学生や社会人を対象とする就農体験や農業法人の会社説明会などが全国各地で開催されている。そして、若者や女性の就農者が増加している。農林水産省の統

NOTE

計によると、とくに「農業女子」が増えており、女性が経営に参画する農業生産法人
は収益が高いというデータもある。今後さらに女性を採用する法人の増加が見込まれ
ている。

このような動向の背景には、価値観・職業意識・人生観の多様化により、都市地域
での生活をやめて農山漁村地域へのUターン、Iターンを目指す人が増えたこと、近
年の法律・規則などの改正により、農業への参入規制が大幅に緩和されたこと、があ
る。

すなわち、2009（平成21）年の農地法の改正以降、株式会社やNPO法人の農
業への参入が大幅に緩和されて、農地を所有しない法人でもリースにより農業を行う
ことが可能になり、農業生産法人が増加してきた。参入した法人を業務形態別に見る
と、食品関連産業、農業・畜産業、建設業の順に高く、また作物別では、野菜の占め
る割合が43%ともっとも高くなっている。

農林水産省編『食料・農業・農村白書』には、過疎地の建設会社が廃校となった小
学校を「植物工場」にリフォームし、そこで高付加価値のイチゴを栽培する事例など
があげられている。また、就農者の高齢化や後継者不足が課題であるとしつつも、地
元の若者やUターン、Iターンなどの若者が、今後の農業の担い手になると期待を寄
せている。

(2) 林業に参入するベンチャー企業

林業の分野でも、新規参入者により、新しい発想と技術が導入されてイノベーショ
ンが進み、その様相が変わろうとしている。

たとえば、（株）woodinfo（東京都中野区）は2011年に設立された社員3名の
ベンチャー企業であるが、林業関係者との取引をウェブ上で入札を行うシステムを開
発し、その結果取引が大幅に増加している。

そのメインシステムは「木材クラウドシステム」と名づけられ、森林や木材の生
産・流通に関するシステムを相互に連動させる基盤である。顧客の専用サーバーはこ
の基盤の上に設置され、いつでもどこでも利用できるように管理・運営されている。
また、「木材トレーサビリティシステム」は、木材がいつどこで生産され、だれがど
のように加工し消費者に届けたのか、などを記録して検索できるシステムである。こ
のようなシステムを通して木材の小売りや卸売りを行っている。このような新しい発
想・技術が林業に広く導入・普及すれば参入者も増加する。

NOTE

(3) 水産業への参入

漁村地域にUターン、Iターンして、「とる漁業」や「つくる漁業」に従事する若者たちも増加している。もちろん、その地域で本格的に漁業で生計をたてるには、都道府県知事が認可する「漁業権」が必要であり、漁業組合への加入が求められる。

この漁業権が参入の障壁となり、一般の企業が自由に漁業に参入できず、事実上、漁協関係者の独断場になってきた。そこに参入を希望する企業は、既存の養殖業者と資本提携をしたり、地元に養殖の子会社を設立したりして、漁協資格をえる場合が多い。とくに、「つくる漁業」の場合は、大規模な設備投資を要することもあり、地元業者にとって資本力のある企業との経営協力は魅力的である。

漁業権が漁協以外に開放された事例もある。それは、宮城県石巻市の桃浦かき生産者(同)である。東日本大震災の大津波により桃浦地区の漁村消滅は決定的と思われたが、震災の翌年、その地に残った数名の漁業者が仙台市の水産加工会社からの支援を受けて会社を設立した。まもなくこの地区は「水産業復興特区」に認定され、県知事が地元漁業者主体の法人に対して例外的に漁業権を付与した。

水産業における、このような環境変化や新しい動向は、漁村地域にUターン、Iターンを目指す若者のチャンスの拡大を示している。

第2節　農林水産業のイノベーション

(1) 「スマート農業」の取組み

農業に対する古いイメージが払いきれず、その分野で働くことをためらう人がいるかもしれない。しかし、農業は新しい発想と技術によるイノベーションが追求され、従来のイメージが変わりつつある。その最先端の事例は、ロボット技術やICTなど、先端技術を活用する「スマート農業」である。

ロボットの活用としては野菜の自動収穫、農業機械の走行アシスト、荷物持ちあげや中腰姿勢の作業を補助するアシストスーツ、自動搾乳や自動給餌システムなどである。

また、ICTの活用例は、栽培技術に関するデータの「見える化」の研究開発などが進められ、すでに実用化されている。さらに、作物の育成確認や農薬散布などの効率化を目指し、ドローンなどの小型無人飛行機を利用・活用するためのガイドラインが策定されている。

NOTE

このような農業技術は「アグリテック」（Aglitech）とも呼ばれ、ベンチャー企業の事業において顕著である。たとえば、農作業時間の多くを占める水の管理の手間を減らすために、水田にセンサーを設置してたえず水位・気温・温度を計測し、異常値を検知すると作業者に警告を送る機器を開発した企業がある。

また、ビニールハウス内の土壌の水分量や温度を計測し、必要な水や堆肥の量を自動調節するシステムの実用化に成功した企業もある。

さらに畜産業では、牛の行動分析に人工知能（AI）を活用したウェアラブル端末を開発した企業もある。

(2) 林業の再生と活性化

林業もまた、その様相を大きく変えつつある。日本の国土の約2割がスギなどの人工林とされるが、その半分以上が樹齢45年を超えており、伐採する時期を迎えている。その意味では、林業はチャンスのときを迎えている。

しかし、林業の環境はきびしく、林業に従事する人びとは全国で約6～7万人であるが、後継者不足や人手不足のために廃業する事例も珍しくない。

このような状況のなかで、省力化のために伐採や運搬に林業機械を導入することも進んできた。また、ベンチャー企業が参入し、ICTやドローンなどを活用して伐採場所を確定したり、ウェブ入札で取引したり、「スマート林業」が台頭している。林業の活性化の取組み・活動はこれ以外の場面でも見られる。

九州の林業再生の事例として、宮崎県日向（ひゅうが）市にある中国木材（株）（本社は広島県呉市）の製材工場が注目されている。宮崎県は全国のスギ生産量のトップであるが、日向工場では、これまでの輸入材が国内材にシフトしており、発展が期待されている。

秋田市のユナイテッドリニューアブルエナジー(株)やその関連会社は、バイオマス火力発電所に燃料として木材チップを供給しているが、これも林業活性化の事例である。つまり、山に放置されている未利用材を原料にして燃料チップを生産し、それを供給することで収益のあがる資源にしている。山林に未利用材がなくなると、そのあとに新たに植林することも可能になる。それだけでなく、伐採の仕事、チップ工場やバイオマスの仕事、運送の仕事などを新たに生みだし、そこに働く場を創出している。

このように林業を再生し活性化する可能性・現実性は小さくない。

NOTE

第3節　農林水産業における「六次産業化」

⑴　「六次産業化」というビジネスモデル

農林水産業は第一次産業であるが、その「六次産業化」が進められており、この分野の様相が変わりつつある。この「六次産業」とは、農林水産業（第一次産業）、製造業（第二次産業）、小売業（第三次産業）を組み合わせた形態である。つまり、生産－加工－販売の各段階で価値を生みだすように組み合わせ、「六次産業化」するのである。

農林水産省は「六次産業化・地産地消法」（2011（平成23）年施行）に基づいて、農業従事者への支援を積極的に行っている。自治体でも農林漁業者、商工会議所、金融機関の関係者らが参画する推進協議会を設置する動きが全国的に広まっている。

宮城県石巻市では、「六次産業化・地産地消推進センター」を設置して事業者への多面的な支援を行っている。その内容は、六次産業化プランナーの資格をもつ専門家による個別相談、ブランディング支援、販売ルート開発の支援、勉強会・セミナーの企画・開催、そして独自運営のオンライン商店街への出品など広範囲に及んでいる。

⑵　農業における「六次産業化」の事例

宮城県登米（とめ）市の(有)おっとちグリーンステーションは1995年に法人化した。同社は稲作、大豆、野菜、加工の4部門からなり、役員3名、社員9名、研修生3名、パート20数名で地域農業の屋台骨を支えている。

同社は年間を通じて仕事のできる「周年農業」を目指し、行政が主導する集団転作の農政によって水田の一部を麦畑にし、さらに転作田を利用して野菜やバラの栽培を行った。そして、「土づくり」にこだわり、ビールのしぼりかすや乳製品、海産物などを利用した無化学肥料の「ぼかし堆肥」を生みだして高品質野菜を生産してきた。

2009（平成21）年にこの地を襲ったゲリラ豪雨をきっかけに、災害に左右されない経営の安定を重視する方針に変えた。また、いくら努力しても農産物の約20％がB、C級品になったり、生鮮野菜の商品期間が短いので、年間を通して安定した収益を得ることが経営上の重要課題だった。

そこで考案されたのが野菜パウダーである。乾燥機の改造によって抗酸化力の高い野菜パウダーの生産が可能となり、「のなこ（野菜粉）」とネーミングした。その栄養

価は生野菜とほぼ同じで、加熱しても色がおちず、粉末状のため加工品への添加が容易であるので、パスタやケーキ、アイスクリームなどに混ぜることができる。粉末でつくったサプリメントがネット販売されたり、ホテルのシェフやパテシエに愛用されたり、仙台駄菓子の原料にも使われている。また、大手健康食品メーカーとの連携によって販売ルートも拡大しつつある。

⑶ 水産業における「六次産業化」の事例

水産業では、水産加工品の製造・販売、直売所の運営、漁業体験のブルーツーリズム、漁業レストランの運営など、さまざまな取組みが行われている。漁業資源を活用して「生産－加工－販売」を組み合わせる形態は、前述の農業と似ている。ただし、水産業の「六次産業化」は農業のように1事業者単独ではなく、他の事業者との連携で実施されることが多く、「生産－加工－販売の産業間ネットワーク」である。

宮城県女川（おながわ）町の㈱マルキンは、オゾンマイクロバブル殺菌システムによって、安全かつ安心な生食用のカキを市場に提供している。同社はカキ養殖からスタートした老舗であるが、現在は「銀鮭の養殖・加工・販売」が事業の柱である。東日本大震災で壊滅的な被害を受けたが、それを機にUターンした20代の若い後継者が事業再生に積極的に取り組んでいる。

また、宮城県石巻市でわかめ生産を営む若手漁業者は、震災前から新たな漁業を模索してきた。彼らは持続可能な水産業を目指して（一般社団法人）フィッシャーマンジャパンという組織を立ちあげた。そして、①最強チームによる直接販売開拓・共同営業、②漁師が海から「陸に出て」行うイベントや祭り、③漁師しかできない商品開発、④水産業におけるICT化の促進、を行っている。

⑷ 水産ブランド「日高見の国」の事例

宮城県石巻市の末永海産㈱は、養殖水産物の加工会社である。同社も大震災に見舞われたが、2ヵ月後、内陸にあった別工場の在庫をもとに事業を再開させた。しかし、2ヵ月の空白で、それまでの取引先が離れてしまったので、新たな販路を開拓することが喫緊の課題となった。そこで同社は行政や商工会議所などが開催した復興イベントに参加し、自社商品を積極的にアピールすることで取引先を増やした。

いまでは統一ブランド「日高見の国」のもと、企業連携で販売活動を進めている。このブランドはJETRO（日本貿易振興機構）の支援を受け、東南アジアを中心に海

NOTE

外のマーケット拡大を目指している。なお、同社が参画する水産加工会社の連携組織に「石巻元気復興センター」がある。この組織はイベントや贈答品などで協業化を進めている。

「日高見の国」も「石巻元気復興センター」も震災後の混乱のなかで、比較的若い経営者らが養殖業界との関係をつくりながら、会社の生き残りをかけて始めた協業化の事例である。

第4節　農林水産業に参入する若い世代

(1)　耕作放棄地の解消

海道瑞穂は 24 歳の時の 2001 年に農業生産法人アグリたきもとを設立した。同社は稲作をやめてしまう兼業農家の受け皿会社として成長してきた。実家が兼業農家で、父が会社勤務のかたわらコメづくりを行っていたが、彼女はそれを手助けするなかで就農を決断している。それまで規模の大きな稲作経営の請負は男性が中心であったが、「農業女子」の元祖というべき彼女がそれに風穴を開けている。

西辻一真は京都大学農学部を卒業した翌 2007 年に(株)マイファームを設立した。彼は在学中にビジネスモデルを練りあげていたが、京都市近郊の耕作放棄地を、だれもが野菜づくりできる農園にすることからスタートしている。この体験農園は、関西だけでなく、東海、関東にも広がっており、毎月ある一定の利用料を支払えば、インストラクターの指導を受けながら有機無農薬野菜の栽培ができる。なお、彼は 2010 年に農業のプロを養成する専門学校を設立している。

(2)　"こだわり"農産物の開発

いろいろな「こだわり農産物」を開発するために、起業する人もいる。

内田智子は、30 歳の 1996 年に(株)沖縄ティーファクトリーを設立した。彼女は大学中退後、イタリア、アメリカ、香港などを行き来しながらビジネスに従事し、その後紅茶輸出の関係でスリランカに移住して紅茶の美味しさを体験している。その後沖縄県うるま市に移住し、2000 年にはじめて沖縄紅茶をつくった。生産を委託した農家には農薬を一切使用させず、また DNA100%の品種で統一することを守らせている。沖縄で起業したのは紅茶の産地であるアッサムと緯度が同じであり、またやせた赤土が紅茶栽培に適しているからで、生産は沖縄であるが、販路は世界を目指

している。

　古川綾は大学（留学を含む）卒業後リクルート社に勤務したが、大震災の翌2012年、35歳の時に子育てのために福島県磐梯町にUターンしている。彼女はUターンとともに風評被害を受けていた地元の農業に従事し、2014年に合同会社ばんだいファームを設立した。そして、こだわりの自然栽培野菜を生産し、インターネットを利用して販売している。一般に、農業でよく使用される種子は複数の種子を掛け合わせた病気に強い「F1」であるが、彼女は第二次世界大戦前から継承されてきた「固定種」にこだわって栽培しており、多くの消費者から支持されている。

　東愛理は短大在学中の2005年にゆず村農園(有)を設立し、起業している。事業の内容はアボカド、マンゴー、ライチなどの熱帯果樹の栽培と苗木の販売である。当初農園が山間部の寒い地域にあって栽培には苦労したが、2011年に温暖な気候の鹿児島県指宿市に農園を移したあとは、経営は順調に推移している。主力商品のアボカドは首都圏や関西圏の流通市場に受け入れられている。新鮮さが大切な熱帯の果物は長距離輸送になじまないので、国内各地での生産が今後の課題である。

⑶　山の幸と海の幸の発掘・育成
　農山漁村地域には「山の幸」、「海の幸」と呼ばれる資源が多く眠っている。

　栗山奈津子は「山の幸」である山菜をビジネスにしている。両親が2006年に始めた「あきた森の宅配便」は、コゴミ、フキノトウ、タラの芽などの山菜を顧客の注文に応じて「山の名人」たちが取りに行く代行サービス業である。彼女は2014年に社長に就任したが、ネット販売やSNSを活用して、若い人になじみの薄い山菜料理のレシピや食文化などの普及につとめている。

　高橋栄樹は「海の幸」のウニに着目し、その養殖をビジネスにしている。彼は仙台市の鮮魚店での就労経験のあと、宮城県南三陸町にある父親が経営する養殖・水産加工業に従事し、同地域の水産業のきびしい衰退を実感している。そして、大震災からの復興を模索するなか、31歳の時（2012年）にノルウェーのウニ養殖技術を導入して養殖事業にチャレンジしている。

⑷　「林業女子」の登場
　各地で「林業女子会」が生まれている。その始まりは2010年の「林業女子会＠京都」であり、京都府立大学や京都大学の学生たちがつくっている。その目的は従

NOTE

来の男性中心の林業活性化の活動に女性として参加しようというものである。

　まだ少数ではあるが、女性が林業の仕事に従事しはじめている。三重県に本社のある諸戸林業(株)の丹沢事業所（神奈川県秦野市）の所長は、同市出身の若い女性・笹原美香である。同社は銘木のヒノキを扱うことで有名である。ヒノキは樹齢が100年以上のものは木目（もくめ）が美しく強度もあって、歌舞伎座の舞台に使用されているのは「諸戸のヒノキ」である。

　なお、林業では現在でも日給制の採用が多く、これでは若者の雇用はむずかしく、月給制に変更する動きもある。

第5節　まとめ

　本章では、まず農林水産業の分野で個人や法人の参入者が増加しており、最新の先端技術を活用したイノベーションが追及されてイメージが大きく変わっていると述べた。また、これらの産業の環境が変化するなかで、「六次産業化」が推進されていることも明らかにした。

　さらに、新しい農林水産業は農山漁村地域の主力産業であり、地域活性化の起爆剤になっている。いまでは従来のイメージで農林水産業を語ることはできないレベルになっており、若者たちがこれらの産業に夢をかけて挑戦している事例も示した。

《One Point Column》

牧畜業もあるよ！

日本人の肉食生活を支えている「にわとり、ブタ、牛」などを飼育する牧畜業（酪農）も農林業に含まれる。わが国では、牛の飼育頭数は個体が小さいにわとりやブタに比べてはるかに少ないが、飼育業者のほうは、はるかに多くなっている。

NOTE

(1)　本章の内容を要約してみよう。

(2)　本章を読んだ感想を書いてみよう。

(3) 説明してみよう。

① トレーサビリティとは、なんでしょうか。

② スマート農業とは、なんでしょうか。

③ 六次産業化とは、なんでしょうか。

(4) 考えてみよう。農業と水産業の新たな取組みが地域社会に及ぼす影響を考えてみよう。

(5) 調べてみよう。あなたが住んでいる地域において、新たな農林業や水産業に取り組んでいる
事例を調べてみよう。

経営学のススメ⑥

「国力のいしずえ」となる農業とは？

　第二次世界大戦後の日本が得意としたのは、機械化した工場で良質な工業製品を生産することである。電機、自動車などを大量に生産して、海外市場を獲得してきた。これによりわが国の工業化が推進され、豊かさを生みだす「国力のいしずえ」となった。

　その反面で、それまで多くの就業者をかかえて「国力のいしずえ」となっていた農業の衰退が急速に進行し、現在の状況に至っている。しかし、農業が人びとの生活を支えているという認識をもつことは大切である。よくいわれるように、「宝は田から」であり、田からつくられたコメは長い歴史のなかで、日本人の食生活の中心に位置してきた。

　現在、都市地域では少数であるが、「農業工場」的なアグリ・ビジネスがスタートしており、農山漁村地域でも「ハウス栽培」が普及している。しかし、ほとんどの農作業は自然のなかで、それと一体化して行われている。コメ栽培の田植えから刈りとりまでの一連の作業は、どんなに科学的知識に基づいたり、機械化されるとしても、収穫されるものの質と量は、「天候」という自然的条件によって大きく左右される。そこには人間の力を超える自然があり、昔の人びとはそれを「神」としてきた。

　宮崎県の高原（たかはる）町は神武天皇が稲作を民衆に教えた地とされている。この地域の神社には稲作に関連する田遊び神事（しんじ）が多い。豊かな自然（神）に感謝するとともに、豊作を願って演者たちが農作業をおもしろおかしく再現している。

　いずれにせよ、農業には近代的な工場における工業生産には見られない特性があり、単純に工業生産を基準にして比較したり、議論することはできない。

　現在では「今年はこれだけのコメをつくった」ともいわれるが、これまでは「これだけのコメができた、とれた」といってきた。この控えめな表現は、農業者には計画性がなく、結果的にこうなったという意味にとられるかもしれない。

　しかし、すでに述べたように農業には自然という人間の力を超えたものがあり、それがこのような表現になったと考えられる。このくらいは収穫したいと思って励んでも、"お天道（てんとう）さま"の照り具合で良くなったり、悪くなったりするので、主体的な表現がしにくいのである。つまり、農業者には日々の仕事に精をだし、工夫もしているが、収穫は最終的には自然の恵みによるという思いがあった。

　日本人は動物の肉だけでなく、農作物を食べるときにも必ず「いただきます」をいう。これは、生きている命をいただいていることに対する感謝の思いと、失われる命への祈りを表している。しかし、工業製品にこれと同じ思いになるとは考えにくい。新し

いスマホを買いかえるとき、これまで使用したスマホがまだ使えるとしても、それは単なる「モノ」であって、動植物のように命があると思う人は少ない。

　農薬や化学肥料によって田畑やその周辺の動植物の命が失われてきた。根だやしにしてしまうほどの除草や駆虫も可能になり、トンボもセミもホタルも減ってしまったが、そのような状況は人間にとってもいいはずがない。昔は農作業に従事する人びとの手で「適切に間引（まび）いて」除草や駆虫を行い、共生関係をつくっていた。しかし、農薬や化学肥料に頼りすぎたために、それが崩壊してしまったのである。

　しかし、当然のことながら、これに対する反省が生まれ、コメづくりでいえば、たとえばアイガモを田に放して除草も駆虫もするという運動が起きている。このように、農業には人間以外の動植物の命に配慮し、環境を守っていくという考え方が必要なのである。

　そして、昔の人びとは現代のような農業用機械、化学肥料もなく、人間の力と一部の動物や用具類を使って仕事をしていた。仕事はきつく、確実に実りを得るためには、天候にも気をくばらなくてはならなかった。

　このようななかで、仕事や労働、収穫への感謝に関する歌をつくって歌ったり、それにあわせて踊るなどの文化が生まれてきた。現在ではあまり聞かれることがなくなったが、農山漁村地域の「民謡」にはそのようなものが見られる。そして、農林業の再生のなかで、地域の人びとが歌い続けてきた民謡などの伝統的な文化の復活を願いたい。若い人びとには、祖先の思いを継承してほしいと思っている。

　もうひとつ述べておきたいのは、農業が行われることでわが国の「美しい田園風景」が保存され、残されてきたことである。耕作放棄地が多くなると、食生活が支えられなくなるだけでなく、この美しい風景が失われてゆき、地域や国土の荒廃につながることになろう。美しい風景はだれもがいつでも「ただで」見ることができるものである。要するに、農業を再生・活性化させることは、これを守ることでもあり、それを次の世代に確実に残していかなければならない。さらに、近年、自然災害が頻発しているが、これによって美しい風景が失われないようにしなければならない。

（設問１）　農業にはどのような特徴があるかを、コラムをヒントにして、検討してみてください。

（設問２）　農山漁村地域では近年、自然災害が頻発し、被害が大きくなっていますが、その実態を調べるとともに、それをもとにして自然災害への対策を考えてみてください。

第7章

農山漁村地域における多様な「モノづくり」

　都市地域で雇われて働く生活をやめて、自分の関心がある農山漁村地域にUターン、Iターンし、自律的に働き生きる人びとが増加している。農山漁村地域においても「モノづくり」の仕事で起業できるし、固定観念を捨てれば、意外にも働く場の多いことに気づくであろう。

　「モノづくり」といえば、第二次世界大戦後の日本の製造業が得意としてきた工業製品をイメージしがちであるが、地域においても、それに限らず多岐にわたったものがつくられている。たとえば、海産物、農産物そのものをつくる仕事、農水産物を加工して食品をつくる仕事もあるし、さらに山村では畜産とそれに関連する加工業もある。

　また、衰退傾向にある伝統工芸品でも、地域の素材・技術にこだわり、とくに水準の高い品質やデザインの魅力があれば、販路を広く世界に求めることができる。このように、地方においてもさまざまな「モノづくり」の仕事を創出することはできるし、それは確実に若者にとって有力なチャンスになろう。

　本章を読むと、以下のことが理解できるようになる。

①　農山漁村地域におけるモノづくりには、「つくる漁業」、「食品加工業」、「伝統工芸品づくり」など、意外にも仕事は多く、働くチャンスは少なくない。

②　この地域では「食品加工」がモノづくりの主力であり、現在では地域の自立のために、「地域のブランド品」づくりに邁進（まいしん）していること。

③　伝統的工芸品の分野では、イノベーションを行って高品質・デザインにこだわり、世界的に知名度をあげた企業があること。

④　大企業に依存しない「自立型モノづくり」が地域経済にとって重要であること。

⑤　2011年の東日本大震災の被災地でも、モノづくりの再生が懸命にはかられていること。

第1節　農山漁村地域における中核的なモノづくり

⑴　「とる漁業」から「つくる漁業」へ

　Uターン、Iターンを目指す若者にとって、農山漁村地域で「モノづくり」を仕事とするには、農林業・畜産業とともに漁業・水産業もまた有力な選択肢であり、チャンスになる。漁業は近年の養殖技術の発展にともない、従来の「とる漁業」から「つくる漁業」（栽培漁業・育てる漁業）の占める比重が大きくなっている。とくに、近年の世界的な異常気象による海流変化や、一部の国の乱獲漁業の影響などで、クロマグロをはじめとする海洋資源は欠乏気味であり、また、安定した価格の水産物供給を維持するためにも、「つくる漁業」が国際的にも普及している。

　つくる漁業は漁村地域における大きな事業として定着している。すでに、カキ、ホタテ、アサリ、ハマグリ、ワカメ、ノリ、タイ、ハマチ、ヒラメ、マグロなど、養殖業者がつくり育てた「製品」が都市地域の大規模な流通市場に多く出荷されており、われわれの食生活を支えている。

　また、漁村のみならず山間部においても、淡水魚のニジマス、イワナ、ヤマメ、コイ、ウナギ、ナマズ、スッポン、ドジョウなどの「つくる漁業」が行われている。

　一般に「つくる漁業」を担う主体は零細な家族経営のことが多いが、会社組織の形態をとる場合もある。漁業に興味・関心があり、農山漁村地域にUターンやIターンを目指す人にとっては、「つくる漁業」の仕事に従事することも、有力な選択肢である。

⑵　水産物の食品加工

　「とる漁業」で水揚げされた水産物は、その新鮮さをアピールするため、ただちに流通市場に出して消費者に届けることが多いが、ひとまず冷凍保存して市場の価格動向を見ながら出荷調整する場合も少なくない。近年の冷凍技術の著しい進歩により、味を損なわずに出荷・流通できるようになっている。

　また、水産物を原材料にして加工処理し、新たな食品にして市場に出す場合も多い。生の水産物を食品に加工するのは、腐りやすいモノを保存できるようにするだけでなく、流通市場で安定的な価格を維持するという意味もある。現在国内でとれた食用魚介類の約60%は加工原料の対象とされている。そのうちの約70%が食品となり、残りの30%は家畜の飼料や農産物の肥料として使用されている。

NOTE

食品加工の種類には干物など「塩干品」、かまぼこなど「練り製品」、ノリなど「海藻加工品」、さらに「水産缶詰・瓶詰」、「燻製（くんせい）品」、「粕漬け」、「味噌漬け」、「醤油漬け」など多岐にわたっている。これらを加工する業者の大多数は、従業員20人以下の家族経営・零細企業であり、いずれも地元の漁協が全面的に関与・支援している。ちなみに、従業員500人以上の事業所は全国に数社しかない。

すでに一部の加工食品は特産品として地域ブランド化され、全国的に流通して地域の活性化に貢献している。たとえば、愛媛県宇和島市の「じゃこ天」、長崎県の「からすみ」、鹿児島県枕崎市の「かつお節」、沖縄県の「スクガラス」、福岡市の「辛子明太子」、岐阜県の「鮎うるか」、福井県の「鯖へしこ」、滋賀県の「鮒ずし」などである。いずれもその地域の自然資源を活用した水産物食品の「モノづくり」であり、事業所の規模は小さいが、Uターン、Iターンを目指す人のチャンスになろう。

(3) 農産物の食品加工

農産物はそれ自体が広く流通して消費されるが、その加工品も広く消費されている。農産物の加工事業もわれわれの食生活を支えるとともに、農山村地域の活性化に貢献している。

お茶、梅ぼし、日本酒、焼酎、ワイン、地ビール、野菜果汁飲料、みそ、豆腐、醤油、そうめん、こんにゃく、かんぴょう、もち、パンやクッキー、菓子類、せんべいなどは、その例である。そのなかには、長い間地場産業として地域で育てられてきたものがある。そして、一部は「地産地消」にとどまらず、地域のブランド品として都市地域に大きな販路をもつまでに成長した事例もある。高知県馬路村の「ぽんず醤油」、和歌山県みなべ町の「南高梅」、大分県の「ゆずこしょう」、奈良市の「奈良漬」などは、その例である。

こうした「モノづくり」の多くは地元の農協（JA）が直接・間接に関与している。その事業所の規模は必ずしも大きくなく、個人企業・零細企業で担うケースも少なくないが、会社組織にしている場合もあり、地元では大きな位置を占めている。これらはいずれも、地域資源を利用した、地域に根ざした「モノづくり」である。

(4) 農水産物の「自立型モノづくり」

農山漁村地域の活性化はいまや企業誘致政策にかわって「自立的な志向性」が強まり、地元住民が主体になり、地域資源を活用した「特産品づくり」、「ブランド品づく

り」が求められている。この動向はいまでは全国的に広がりつつあり、地域のブランド品づくりの競争が展開されているが、それは地域間の競争だけでなく、個々の生産者間の競争にまで発展している。

わが国では、食生活が豊かになり「グルメの時代」ともいわれるが、それだけに消費者からは高品質の農水産物・加工食品が求められており、地域のもつエネルギーと知恵を投入して、品質も味も良い「モノづくり」が行われている。

このような「自立型ものづくり」によって、農山漁村地域で農水産業に関係する「モノづくり」の仕事が多様に創出されており、Uターン、Iターンを目指す若者にとって有力なチャンスである。

第2節　伝統工芸品の再生の動き

⑴　地場産業としての伝統工芸品づくり

伝統工芸品づくりは農山漁村地域における地場産業として独自に発展してきた。典型的な伝統工芸品としては、織物、漆器、陶磁器、和紙、伝統家具などの木工、竹工、金工、刃物、鋳物、土人形などがある。

しかし、この分野の産業が現在全国的に衰退・縮小している。その背景には伝統工芸品を「古くさいものと見る」価値観および工業製品を利用する生活の洋風化による需要の減少、伝統工芸技術の後継者不足や現場の人手不足などがある。

そのようななかにあっても、地域に根ざした伝統技術にこだわり、品質・素材・デザインに独自性や魅力のある製品をつくり、活路を見いだしているケースも少なくない。

⑵　伝統工芸品づくりのイノベーション

岐阜県関市にある刃物製造業の(株)スミカマは、伝統技術に基づきながら、洗練されたデザインと高付加価値の製品の生産にシフトし、海外に直接輸出して成功した事例である。関市といえば国内最大の刃物生産地として有名であり、その歴史は鎌倉時代末期から南北朝時代にさかのぼり、日本刀の生産地として知られている。

明治時代にはポケットナイフをはじめ近代刃物の産地として発展し、現代では世界的な刃物産地として著名である。だが、1985年のプラザ合意後の円高の進行により、輸出は激減して逆に中国製の低価格刃物の輸入が急増し、同地域の製品はきびし

NOTE

い価格競争に巻きこまれた。

　(株)スミカマはこの苦境のなかで、地元に根ざした伝統技術にこだわり、高付加価値生産にウエートを移し、世界に販路を求めて成功してきたのである。ここでも「自立型モノづくり」が成功の要因である。

(3)　福島県におけるイノベーションの事例

　福島県会津坂下（ばんげ）町の(株)IIE（イー）の谷津拓郎は地元の伝統的な素材・会津木綿にこだわり、独自の製品をつくってブランド化に成功している。谷津は福島原発の事故により避難してきた被災者の支援活動を行っていたが、2013年に被災者の働く場の確保のために、「3.11」を反転させて命名した「IIE」社を設立した。

　会津木綿は江戸時代初期から生産されており、農作業などに使われる一般庶民の布地である。厚くて丈夫で、使いこむほど柔くなって味わいがでるという。同社は会津木綿による「IIE（イー）」ブランドを立ちあげ、夏涼しく冬暖かい、年間通して使えるストールを主力製品として開発・販売し、人気を博している。このほかに、ハンカチになる祝儀袋、ブックカバー、弁当袋などの開発を推進してきた。

　このように谷津は地元の技術・素材にこだわった会社を立ちあげ、被災者のための働く場の創出に成功し、地域の活性化に貴重な貢献を行っている。

　また、福島県には織物、漆器、陶磁器、和紙、木竹工などの伝統工芸技術が県の各地域にあるが、2016年から、世界的なデザイナーのコシノ・ジュンコと地元福島の11社とがコラボした「FUKUSHIMA PRIDE by JYUNKO KOSHINO」の取組みが新たにスタートしている。コシノの斬新なデザインで福島の伝統的な工芸品が生まれ変わっており、その販路の拡大が期待されている。

　さらに、福島県川俣町の齋栄織物(株)が2012年に世界でもっとも薄いシルク織物を開発・商品化して、国際的に注目されている。同地は桑の育成に適した気候風土であり、古来より養蚕が盛んで、そこで生みだされた絹織物は「川俣シルク」の名で知られている。

　齋栄織物が4年の歳月をかけて開発した絹織物は「フェアリー・フェザー（妖精の羽）」と命名されたが、髪の毛の太さ（約50デニール）の6分の1（8デニール）という超極細絹糸が使用されている。それは、世界一薄いというだけでなく、機械による量産化を実現させた技術が高く評価されて、2012年の「ものづくり日本大賞」の「内閣総理大臣賞」および「グッドデザイン賞」のふたつを受賞している。近年の

繊維産業が海外の低価格製品に押され気味のなかで、同社は高い技術力により品質・素材・デザインで優れた製品を生みだし、活路を開いている。

このように、地元の伝統技術にこだわりつつ、まねがされないような品質・素材・デザインの独自性・魅力を打ちだし、その販路を世界に向ける視野の広さがあれば、伝統工芸品づくりにも大きな可能性があり、Uターン、Iターンを目指す若者にとって有力なチャンスである。そして、再生の動きは、福島県だけでなく、全国各地で見られている。

第3節　地域経済の変化と「工業製品」

(1) 親企業に依存しないモノづくり

工業製品中心の製造業は、日本経済の高度成長とともに発展の道を歩んできた。しかし、1973年の石油危機をきっかけに、地場産業や企業城下町の特徴をもった経済構造は一転して苦境に立たされた。かわりに台頭したのは、地方自治体が大都市圏から企業誘致を行って産業集積をはかるという地域経済構造づくりであった。

たしかに、農山漁村地域に企業や工場が誘致できれば、雇用機会が増えて居住する人も増え、自治体の税収入は増え、そして地元商店街もうるおった。しかし、経済のグローバル化が進み、日本企業が安い労働力を求めて海外に工場を移すと、たちまち地域社会の衰退・疲弊が進んだ。

1990年代の日本の製造業は国内工場の廃止と海外移転が進み、他方で東アジア諸国の製造業の台頭により、国際競争力を大きく低下させた。実際、国内のサービス産業の成長と製造業の停滞とがあいまって、製造業のGDP比率は低下している。

日本の製造業は海外拠点と国内拠点の役割分担を明確にして、よりいっそうの技術開発やビジネスモデルの再構築に取り組む必要がある。最終製品の組立工程は日本国内から撤退して海外依存するにせよ、高い技術力を必要とする高性能・高価格の工業部品については、引き続き国内で製造して輸出することが求められる。

企業城下町のような地域では、元請けの大企業がひとたび生産合理化や工場の海外移転を決断すると、そこに連なる地域の多くの中小下請企業は困難に直面することになる。とくに、高齢の自営業者・経営者らは国際分業の転換のなかで事業の継続がむずかしくなり、廃業を決断するしかない。そうなると、地域経済はダメージを受け、「働く場」や「モノづくり」の仕事が失われ、地域住民の生活も維持できなくなる。

NOTE

このような時代の環境変化に対応できた中小製造業は、新たな市場の開拓や取引関係の再構築によって、たくましく生き残っている。たえず環境変化に対応し、さまざまな情報や技術、人材を駆使して経営を続け、地域の雇用を創出している企業もある。そのような大企業に依存しない「自立型モノづくり」の努力が結果的には地域経済を支え、「働く場」の維持を可能にしている。

現在、過疎地域の元気を取り戻すには、個々の住民が主体的に関与した創発型・自律型の取組みが求められている。農山漁村地域にUターン、Iターンを目指す若者たちにとって、この面でもチャンスがふくらんでいる。

⑵ 「自立型モノづくり」の成功事例

滋賀県長浜市は過疎地域ではないが、同地の湖北精工(株)は「自立型モノづくり」の成功事例のひとつであろう。同社は1942年に東レの協力工場として創業し、それ以降同社の繊維機械の部品加工をとり扱ったり、製造現場で使われる産業機械を設計・生産してきた。その後、自動製造ラインの機械の受注をきっかけにして、自力で製造機械の設計・組立て業務に転換した。具体的には、曲面機械印刷を自社ブランドで手がけるようになり、現在は国内シェアの90%を占めている。

しかし、このような「脱下請」による自立化は、一朝一夕にもたらされたわけではない。当時の社長・小川彰三(現会長)は先代社長から会社を引き継いだ際に、顧客が注文した図面を製作するだけでなく、設計も含めて自前で機械をつくるという戦略で事業を拡大した。これには専門的な技術をもつ従業員を必要とするが、そのために地元志向の学生やUターンの若者のなかから優秀な人材を集めて育成した。同社が地方都市の中小製造業であるににもかかわらず、高い技術力を保持し曲面印刷機のトップシェアを占めるに至ったのも、「自立型モノづくり」にこだわる施策があったからである。

このような親企業の下請けから脱した工業製品づくりを行っている事例は、全国各地に散在しており、そのような地域や企業を探せば、チャンスは大きくなるであろう。

⑶ 「モノづくり」を継続させる人材の確保

地域に根ざした「モノづくり」を継続するには、その経営を引き継ぐ後継者の確保の問題がある。いずれUターンして後継者となることを自覚した若者のなかには、親

の事業を継ぐためにあえて同じ業界の大手企業に就職し、さまざまな経験を積んでその後故郷に帰り、事業を継承するというキャリアコースを歩む人は少なくない。この場合、実際の企業で就労経験を積み、後継者になる能力開発したのちにUターンしている。

ある程度の規模の企業であれば、後継者育成のために自社でプログラムを用意できるかもしれないが、中小零細業の場合には子どもに自分の事業・仕事を継がせようと望む傾向が強いものの、思うにまかせずに廃業を選択することもめずらしくない。

地方では、地域の諸機関も若者の能力開発のためにさまざまな場を設けているが都市地域に比べれば少ない。主に、地元の商工団体や中小企業支援機関、金融機関、行政が中心となっている。

また、「地域おこし協力隊」やUターン、Iターン人材などとの交流会・意見交換会も開催されている。そこへ参加して視野が広くなったり、地域活性化のための種々の方法・展望が開かれるだけでなく、仕事への動機づけも高まる。ちなみに農業については、各地に設置されている「農業大学校」で農業技術とともに、農業経営を学習できる。

現在では工業製品の製造業だけでなく、農林業や水産業でも「経営人材」が不可欠な時代になっている。Uターン、Iターンを問わず、「モノづくりの仕事」を目指す人間・継承者の能力開発は大切である。

⑷ 東日本大震災からの再生事例

岩手県釜石市では、かつて「工業製品のコメ」と言われた鉄をつくってきた。同市は新日本製鐵（株）（現在の新日鐵住金）釜石製鉄所の「企業城下町」として発展してきた。1960年代の釜石製鉄所の従業員数は約8,000人で、人口は9万人を超えていた。しかし、1970年代のオイルショックの後、生産規模は徐々に縮小して、1989年には第一高炉が休止・解体され、出荷額も大きく減少した。それにともない、市の人口も激減して4万人を割りこんだ。

こうしたなかで釜石市は、「製鉄所」依存の政策から、企業誘致へと方針を転換し、1980年代以降24社の企業誘致に成功した。誘致企業の事業内容は、鉄製品、めっき加工など金属関連にとどまらず、鮭フレークや寿司など水産加工品の製造や菓子製造も含まれる。そして、それらの企業は地元に多くの雇用機会をもたらした。

このように、同市の地域経済は製鉄所の縮小で衰退の一途をたどるかと思われた

NOTE

が、行政主導の政策により、「企業城下町」から誘致企業の産業集積地へと転換をはたしていた。そのようななかで、東日本大震災が起きた。震災による津波の被害で、2社が市内での操業再開を断念したが、幸い1980年代以降に誘致された企業の多くは山寄りに立地しており、津波被害を受けずにすんで早期の操業再開が実現した。

他方で、甚大な被害を受けつつも、事業継続を決断した企業もあった。オフィス用のデスクやラックを製造していた(株)エヌエスオカムラは工場が全損の被害を受け、生産停止に追い込まれた。しかし、行政などの働きかけもあり、2011年8月に新工場の設置を決定し、翌2012年5月に完成して本格的な生産を再開した。

そして、旧工場の敷地には大型商業施設のイオンタウンが誘致された。これにより新たに多くの雇用が生みだされ県外、市外からの来客により、街ににぎわいをとりもどすきっかけとなった。

釜石市のような企業城下町は全国に散在し、工業製品づくりが行われ、中核企業の周辺では地場の中小製造企業が活躍している。地場の業者には行政の支援も必要だが、中核企業との連携を意識しつつ、自立化の志向をもって経営できる人材の育成が求められている。ここにも、大きなチャンスがある。

第4節　まとめ

本章では、めまぐるしく変化する経済の荒波のなかで、農山漁村地域での「モノづくり」の仕事がさまざまな創意工夫によって継続されており、Uターン、Iターンする若者にとってもチャンスであることを見てきた。

「モノづくり」や「製造業」といえば、比較的大規模な工場の工業製品づくりをイメージするが、農山漁村地域での「モノづくり」の中心は農水産物の加工業である。そこでつくられた「製品」は「地産地消」されるだけでなく、広く都市地域にも流通して消費者の食生活を支えている。また、地場産業である伝統工芸品の分野でもイノベーションが実践されおり、地域のモノづくりが再生している。

工業製品の分野では、大企業に依存しない「自立型モノづくり」にこだわって脱下請を果たし、自立的に製品開発や販路開拓を進めて成功した事例を見てきた。これに関連した釜石市の事例では、かつての企業城下町が企業撤退によって新たな対策を迫られたときに、行政が積極的に企業誘致を展開して同市の「働く場」の維持に貢献していたことを示した。

NOTE

(1)　本章の内容を要約してみよう。

(2)　本章を読んだ感想を書いてみよう。

(3) 説明してみよう。

① 「食品加工業」とは、なんでしょうか。

② 「つくる漁業」とは、なんでしょうか。

③ 「脱下請」の「自立的な工業製品づくり」とは、なんでしょうか。

(4) 考えてみよう。伝統工芸品の定義・範囲・分類などを調べ、あなたの関心あるものは何かを考えてみよう。

(5) 調べてみよう。あなたの関心がある、全国的に知られるようになった食関連の地域ブランドの開発と成果を調べてみよう。

経営学のススメ⑦

若者「推進者」の群像──あなたもなれる！

①　秋田県の五城目町（ごじょうめまち）で！

　人口１万人前後の同町は、仮想の村"シェアビレッジ"を 2015 年からスタートしている。3,000 円の年会費（「年貢（ねんぐ）」）を納めると、だれでも村民になることができ、かやぶき屋根の古民家の保全・補修などはこの年貢でまかなわれる。

　村民は関東地方の人間が多く、第二の故郷といもいえる同町に里帰り（訪問）して、古民家にも宿泊できるようになっている。８月には「一揆」という夏祭りも行われる。

　この活動を担ったのは U ターンの農業従事者、コメ販売の経営者、ベンチャーの起業家で、20〜30 歳代前半の若者である。かれらは地域のなかでみずから仕事をつくりだすという考え方の持ち主であるとともに、ICT を積極的に活用している。かれらのほかに、「地域おこし協力隊」のメンバーたちが地域資源であるキイチゴの商品化などを展開している。

②　神奈川県小田原市のミカン農家の革新的継承者！

　秋沢史隆は農業大学在学中に海外６ヵ国で農業体験を行い、卒業後にアメリカの農場に就職し、25 歳のときに帰国して神奈川県小田原市で 300 年続くミカン農家を継承している。そして、ミカンの木約 1,000 本を中心に各種の果物をつくる果樹園を経営しており、販路は農協（JA）に依存することなく、直売を中心としている。さらに、果物の収穫体験事業を始めたり、ミカンを使った料理（ミカンの花の鍋、実を丸ごと入れたミカン鍋、青ミカンの酸味いっぱいの汁を使う冷しゃぶなど）を楽しめるようにしている。その根底には、農業を通して人と人をつなげたいという思いがある。

③　飛騨で外国人観光客に感動を与える！

　山田拓は大学院修了後、海外のマネジメントコンサルティング会社を経験している。

　結婚後夫婦で約１年半世界旅行に出かけ、30 歳代前半（2007 年）に岐阜県飛騨市の観光協会の戦略アドバイザーになり、「美ら地球（ちゅらぼし）」を設立している。

　そして「SATOYAMA EXPERIENCE（里山体験）」をコンセプトに、2010 年に「飛騨里山サイクリング」という事業をスタートさせ、最近は外国人を中心に徐々に観光客が増加している。なにもないように思われる里山には、わき水、田んぼ、神社、古民家、さらに地元の人びととの交流があり、それが観光の対象になっている。

④　食を中心にした地域からの「情報発信」！

　NPO 法人「東北開墾」（岩手県花巻市）が「東北食べる通信」を発刊したのは 2013 年のことである。当時 30 歳代後半の高橋博之は岩手県の県会議員の経験者で

もあるが、大震災後、一方通行的に支援を受ける東北が、都市地域の人びとに対してな
にを行えるか考えるなかで、「食べ物付き情報誌」をつくりだしている。具体的には、
食べることは生きることであるから、東北の農水産物の情報と食材を都市の住民に届
け、農山漁村地域と大都市の関係を深めようとしている。

「食べる通信」はその後、全国各地に急速に広がるムーブメントになっている。たと
えば、「長島大陸食べる通信」は鹿児島県の北西部にある離島の長島町のものである
が、これをスタートさせたのは2015年から同町に派遣されていた総務省の井上貴至
（当時29歳）である。長島の生産者の物語を伝え、全国にファンを作ることが目的で
ある。このような地域発信誌は農水産物以外にも拡がることが期待されている。

⑤　**消費者との直結をめざした漁業のイノベーション！**

漁業協同組合（漁協）などを仲介せずに、高級料理店などに直接セールスする漁業を
展開しているのが、山口県の「萩大島船団丸」の代表・坪内知佳である。2017年に
『荒くれ漁師をたばねる』（朝日新聞出版）を出版している。2010年、20代前半の
彼女は漁業を知らないヨソ者であるが、これまでの漁業が仲介業者を介するため、まっ
たく鮮魚の鮮度管理に無関心であったが、それを克服するイノベーションを展開してス
マホのアプリ・ラインを使用して、買い手と直接取引している。

⑥　**「推進者」への挑戦を！**

地域づくりの推進者としての若者は、Uターン、Iターンの増加によって今後も登場
してこよう。本書で取りあげたのはその一部である。

たとえば、「地域おこし協力隊」のメンバーひとりひとりには推進者としての活動が
あるから、地域はかれらから刺激を受け、変わっていくことであろう。

よく「ひとりの力は小さい」というが、そうではなく、逆に「ひとりの力は大きい」。
地域にどのような問題があり、それをどのようにしたら解決できるかを具体的に考える
ことが、「推進者」になるための第一歩である。それは、とくに若者であれば、だれで
もできることであろう。つまり、あなたも「推進者」になれるのである。

（設問１）　５つの事例のなかで、あなたはどれに関心をもちましたか。その理由も述べ
　　　　　てください。

（設問２）　あなたの関心がある地域には、どのような「推進者」がいるかを調べてみて
　　　　　ください。

第8章

農山漁村地域における
「モノを売る仕事」の再生

　農山漁村地域や過疎地域においても、「商店」の形態で「モノを売る仕事」は古くから存続しており、その仕事で生計を立てるだけでなく、地域住民の衣食住の生活を支えてきた。

　しかし、近年の流通チャネルの多様化に、地域の急速な過疎化・高齢化・限界集落化が加わって、農山漁村地域の商店の多くは廃業や閉店に追い込まれている。また、多種多様な商店が集積していた商店街も衰退・疲弊し、商店街そのものが消滅した地域も少なくない。

　そのため、過疎地域で生活する人びとは商店のような「モノを売る仕事」で生計を立てることができなくなり、地域住民は日々の生活用品の購入が困難な「買物難民」や「買物弱者」という深刻な社会問題を生みだしている。

　このような過疎地域を変えて活性化させるには、どうしたらよいであろうか。そして、過疎地域で「モノを売る仕事」を再生させ、同時に「買物難民」を救済するには、どうすればよいのであろうか。

　本章を学習すると、以下のことが理解できるようになる。

①　農山漁村地域の「商店」が同地域の過疎化とともに閉店や廃業しており、「買物難民」という社会問題を生みだしていること。

②　「買物難民」を解決する試みとして、「移動スーパーとくし丸」というビジネスモデルが開発され、注目されていること。

③　「モノを売る仕事」の再生には、地域住民の課題解決、後継者やリーダーの育成、商店の魅力づくり、ICTの活用、各種団体との相互連携などに若者が参加することが必要であること。

NOTE

第1節　農山漁村地域における商店

(1)　過疎地域における商店の現状

　農山漁村地域や中山間部地域などでは、近年とくに、過疎化だけでなく、高齢化・限界集落化が進んでいる。そして、流通チャネルが多様化するなかで、地域の「モノを売る」商店は疲弊し、商店街もさびれている。また、シャッターを下ろしたままの「空き店舗」も増え、「シャッター通り」や「歯抜け現象」が増加し、さらには商店街そのものが消滅した事例もめずらしくない。

　このような過疎地域では、ネットショッピングを利用しない高齢者が多く、そのため居住している付近にあった商店が閉店・廃業すれば、すぐに日常生活に必要なモノの買物が困難となり、「買物難民」とか「買物弱者」といわれる人びとが生みだされている。

　かつて、農山漁村地域でも商店は多く存在し、それで生計を立てることができたし、商店が集積して商店街をつくり、一定の賑わいも見せていた。しかし、近年では、経済環境の変化とともに状況が一変しており、商店街の数がかなり減少している。

　経済産業省の商業統計調査によると、全国にある商店街の数は1994年から2014年までの20年間に、約1万4,300から約1万2,700（11%減）に減少している。この20年間に、商店街に立地する事業所数は63万から28万（56%減）に、また従業者数は約328万人から約215万人（35%減）に減少している。それに対して、商店街の空き店舗比率は1994年の7%から2014年の13%となって、ほぼ倍増している。

　しかし、依然として小売業全体の年間販売額の約4割を商店街が占めており、人口が少ない基礎自治体ほどその比率が高くなっている。つまり、全国を見わたせば、いまも商店や商店街は地域住民の生活に不可欠な存在となっている。

(2)　商店の減少と買物難民の増加

　農山漁村地域における個人商店や商店街の疲弊の原因は、なによりも人口減少・過疎化・高齢化などにより、地域の流通市場・小売市場が大幅に縮小したことにある。65歳以上の高齢者が人口全体に占める比率は1985年には10%であったが、1995年には15%になり、2010年には23%に達している。

NOTE

しかも、高齢者が寿命を迎えていけば、農山漁村地域の人口減はいっそう早まり、若者の地域からの流出もあるので、限界集落・消滅集落・消滅村落は続出する。このように過疎地域で市場全体の規模が縮小し、もはや地域住民を対象にした商店の経営が成り立たなくなって、閉店・廃業しなければならなくなっている。

また、農山漁村地域では都市地域と異なり、住民は移動手段として自動車を利用しており、一家に数台の自家用車を所有することもめずらしくない。そのため、少々離れた場所でも大型量販店が出現すれば、車を運転できる人たちは容易に移動でき、買い物も便利になる。その結果、地域の既存の商店が利用されず、商店街は車を使用しない高齢者が主な利用者になる。そのうえ、その高齢者も今後は急速に減少していくので、既存の商店の経営はいっそう苦しくなる。

さらに、商店主の高齢化が進み、肉体的にも精神的にも衰えて活動することがむずかしくなる。また、就職・進学のために若者の多くが地域外に流出するので、商店を維持する後継者が確保できず、それによっても閉店や廃業することになる。

このように、車を利用できない過疎地域の高齢者は、「交通弱者」であり、近所にある商店が閉店・廃業すると、たちまち日常生活に困難をきたすことになる。その結果、「買物難民」が多数生みだされ、社会問題になっており、その数は約600万〜800万人ともいわれている。

第2節 「買物難民」を解決する「移動スーパー」

⑴ 「(株)とくし丸」のビジネスモデル

「買物難民」や「買物弱者」の問題を解決しようという動きは全国各地でみられるが、注目すべきビジネスモデルとして、2012年に設立された「移動スーパーとくし丸」がある。

このモデルの開発者は住友達也である。彼は1957年に徳島県に生まれ、長い間地元のタウン誌『あわわ』の編集にかかわり、これを徳島県内で人気を誇るメディアに育てあげた人物である。彼はもともと小売業・流通業とは無縁であったが、地元で深刻化する「買物難民」という社会問題をソーシャル・ビジネスの発想で解決しようと、生活者の玄関先に出向いて食品・日用品を販売する「移動スーパー」モデルを開発し、実現させた。

このモデルは以下の3つの事業主体の協力で運営される。全体の事業を推進するプ

NOTE

ロデュースを行う「とくし丸本部」、商品の供給源となる提携関係にある地元の「中小のスーパー・マーケット」、実際に販売活動をする個人事業主としての「販売スタッフ」の3者である。この3者の提携と協働が「移動スーパーとくし丸」のシステムであり、いまや徳島県だけでなく、他の府県にも急速に拡大している。

　まず、販売スタッフは個人事業主として、地元の中小スーパー・マーケットから販売する商品の提供を受ける。その商品を自分が所有する軽トラックに積みこんで各家庭の玄関先に出向き、スーパーに代わって販売する「代行販売」である。

　どこまでも「代行販売」であるため、ここには「仕入れ」という概念はなく、その日に売れ残った商品はそのまますべて提携先のスーパーに返却できる。したがって、「仕入れが多すぎた」という心配はない。

　販売スタッフには、車両の維持費や本部へのロイヤリティー（指導料）支払いなどの一定額のコスト負担はあるが、自分の努力と創意工夫で多く売ればそれだけ個人事業主としての収入・収益は増加するので、モチベーションが低下することはない。

　販売スタッフが使用するトラックの外面には、「移動スーパーとくし丸」の統一デザインが印字・ラッピングされている。車中には冷蔵庫があり、生鮮3品（魚、肉、野菜）、刺身、寿司、惣菜、パン、菓子、日用品など、約400品目1,200～1,500点ほどが積まれている。トラックの訪問先はニーズ調査を十分に行って決められたコースを定期的に回っている。また、地元との「共存共栄」の観点から、半径300メートル以内に競合する個人商店がある場合には、迷惑をかけないようコースから外している。

　顧客・購買者の側はトラックが毎週2回ほどくるので余分に買うことはない。購入時には玄関先まで運ぶ手間代として、すべての商品について一品あたり10円を加算して支払う「プラス10円ルール」を採用している。そして、販売スタッフには、商品を販売するだけではなく、高齢化した利用者の生活を支える「良き」相談相手になることが求められている。

　このように、販売スタッフは軽トラックを所有する個人事業主として、提携先のスーパー・マーケットが提供する商品を自己管理で「代行販売」する。それを通じて「買物難民」という地域の社会問題が解決されるだけでなく、販売スタッフは過疎地域で生活が可能な収益と報酬が得られる仕組みである。

　ここでは、「顧客よし、個人事業主よし、本部よし」という「三方よし」のビジネスが展開されている。

NOTE

(2)　ソーシャル・ビジネスとしての特徴

「移動スーパーとくし丸」は社会問題を企業経営の手法で解決するソーシャル・ビジネスであり、社会起業家としての性格をもっている。それは、過疎地域の「買物難民」の問題を解決するだけでなく、過疎地域に暮らす人が自律的に働き生きる機会を創出している。つまり、農山漁村地域で「モノを売る仕事」に就きたい人、高齢者問題の解決に貢献したい人、地域にUターン、Iターンを目指す人びとにとっても有力なチャンスになる。

車両を利用した「移動スーパー」という類似の取組みは、すでに大型量販店、コンビニエンス・ストア、農協（JA）、地域生協などでも単独および協働により実践されている。2011年に静岡県磐田市で始まった「軽トラ市」も類似の取組みである。

この「移動スーパーとくし丸」の主な特徴は、地域の各種の利害関係者との共生に配慮している点である。すなわち、個人事業主としての販売スタッフの利益のみならず、高齢化した「買物難民」の人びとの生活、提携する地元の中小スーパー・マーケット、地域の競合する個人商店、事業推進役の「とくし丸本部」の利益など、それぞれの立場を考慮している点である。

とくに、販売スタッフを多くの大型量販店やコンビニなどで見られるような、パート労働者・非正規雇用者として扱うのではなく、独立した個人事業主として位置づけ、彼らの自己管理と裁量を取り入れて事業運営する点が大きな特徴である。販売スタッフは努力して売上をあげれば、それがそのまま自分の収入・収益を増やすことになる。

また、仕事内容がモノを売るだけにとどまらず、高齢化した顧客の相談相手や話し相手になり、きめこまかな生活支援も行っているので、相互信頼や心の絆が深まる。その結果、購買者・顧客の総合的な満足度も高くなり、販売スタッフとしても大きなやりがいや生きがいを得ることができ、モチベーションも高く維持できる。

第3節　若者参加による「モノを売る仕事」の再生

過疎地域では商店や商店街が元気を失っているが、「移動スーパーとくし丸」のように、「モノを売る仕事」で生計を立てつつ、地域住民の生活をサポートするには、どうしたらよいであろうか。農山漁村地域にUターン、Iターンを目指す若者たちにとって、モノを売る仕事のチャンスとはどのようなものであろうか。

NOTE

(1) 地域課題の解決

　過疎地域における商店や商店街の重要な役割として、たんに「モノを売る」だけでなく、地域住民とのコミュニケーションを深めて、顧客の多様なニーズに細かく対応することがある。この点を考慮してビジネスを展開したところに、「移動スーパーとくし丸」の成功の秘密がある。

　高齢化が進む地域では、市街地であっても「買物難民」の問題が発生しており、「高齢者送迎サービス」や「配達サービス」などの対応が必要である。また、空き店舗を「託児所」や放課後の「フリースペース」、「学習の場」などに活用して、子育て世代を支援している地域もある。

　たとえば、神奈川県横須賀市の久里浜商店会協同組合は、若手経営者たちが中心になり、湘南信用金庫の協力を得て、高台に居住する高齢者のために定期的に自宅訪問する「ご用聞き」サービスを提供し、商品を届けている。このサービスは子育て世代にも歓迎されている。

　鳥取市の若桜（わかさ）街道商店街振興組合では、地域住民のニーズを調査したうえで、ベーカリーとコミュニティスペースの併設店舗「ベーカリー・マーケット こむ・わかさ」を開設したが、半年間に約10万人が来店するという高い集客効果をあげている。

　このように、高齢化が進んだ過疎地域の「商店」は、たんにモノを売るだけでなく、顧客とのコミュニケーションを深めて、顧客の多様なニーズにきめ細かに応える各種のサービスを提供し、生活上の問題の解決に貢献することが求められている。この発想や視点で取り組めば、Uターン、Iターンを目指す若者にとっても過疎地域の「モノを売る仕事」も有力なチャンスであり、活躍の場は少なくない。

(2) 人材確保の問題

　過疎地域の多くの商店や商店街では、店主の高齢化が進んで60歳以上の経営者が6割以上を占めており、営業の長期継続が困難になっている。また、若い後継者を確保することができずに、閉店・廃業予定の店舗も多く見られる。したがって、過疎地域には、若い後継者や地域づくりリーダーなどの人材が不可欠であり、それには外部からの導入と、商店街内部の育成、のふたつの方法がある。

　前者は、公式・非公式の人材募集によって外部人材を呼びこむ方法で、既存店舗を譲渡もしくは貸与して新規参入させるものである。一般に新規参入者のモチベーショ

NOTE

ンは高く、空き店舗の活用や若手後継者不足の解決にプラスの効果をもたらしている。

建築家の塩田大成が2010年に栃木県の県庁所在地・宇都宮市の「もみじ通り」商店街に移住したとき、すでに地元の商店会は衰退のため解散していた。彼は移住後に商店街の独自性を守りながら、2017年1月までに外部から17店舗の誘致・取りこみに成功している。空き店舗の多くは小規模であり、社会的起業や「身のたけ」の起業に適しており、過疎地域にUターン、Iターンを目指す若者にとっても有力なチャンスになろう。

後者の内部育成では、行政、企業、NPOなどの団体・機関が人材教育の取組みを実施している。たとえば、全国各地で「商人塾」、「あきんど塾」、「ベンチャー起業塾」などが行われている。しかし、この方法には長い年月がかかるので、活動の持続性が求められる。

過疎地域へUターン、Iターンを目指す若者が、過疎地域の「後継者」や「リーダー」を志して移住するのであれば、活躍する場は無限である。

⑶　魅力づくり

商店や商店街の魅力づくりには、なによりも「一店逸品運動」のような、各店舗が自主的にオリジナルな商品やサービス、新しい販売手法を開発して集客力を強めることが必要である。

たとえば、先述の「移動スーパーとくし丸」のように、「自宅の玄関先に商品を積んだ軽トラックが来てくれる」、「販売員と楽しく会話し、商品を手に取って吟味しながら購入できる」、「生活上の種々の問題の相談にのってくれ解決してくれる」など、モノを売ることのほかに、顧客の生活ニーズに応じた細かなサービスの提供、心づかい、気軽な会話などの独自性があり、活動の魅力を高めている。そこでは、かつての小売業でごく普通に見られた顧客との「対面販売」の良さが再評価され、導入されている。

店の魅力づくりの事例としては、三重県の松阪市から始まり全国的に展開されている店主による「まちゼミ」や、神奈川県藤沢市の若い飲食店主が始めた「ちょい呑みフェスティバル」なども、類似のものである。

さらに、商店街の個店が協働して楽しさをアピールする活動としては、朝市の開催、アートやスポーツ系イベントの開催、安全・安心な地域づくりなどがあり、これ

には若者のエネルギーと知恵が必要である。また、地域の景観などの資源を活かした魅力づくりとして、たとえば、大分県豊後高田市内の「昭和」の町並みの再現や、埼玉県川越市の小江戸川越一番街商店街の「江戸」の町並みの再現などがある。

このような魅力ある店づくりや商店街づくりのために、Uターン、Iターンを目指す若者たちの知恵とエネルギーへの期待は大きい。

⑷　ICT の活用

農山漁村地域においても、ICT の進展による新しい「モノを売る仕事」が創出されている。すでに、個人商店でもインターネットを利用して、商圏を世界に拡大している例がある。このなかには、たんなる農産物や海産物などの日常生活用品にとどまらず、織物・陶器・刃物・木工品・竹工品など、地元に長く続いてきた地場産業の伝統工芸品を世界にむけて「売る」人びとも生まれている。

高品質で独自性の高い魅力ある「商品」であれば、ICT を活用して商圏を世界に広げることが可能であるし、その事例も少なくない。そのためには、地域に Wi-Fi 環境を整備し、ホームページ、ブログ、フェイスブックなどの SNS を活用して積極的に情報発信することが重要である。

また、ICT を利用して地域の人的交流を促進する「コミュニティ機能」が活用され、一定の効果を得ている事例もある。たとえば、徳島大学地域創生センターと学生が共同で地域に増える独居高齢者を見守るためのアイフォン専用アプリ「とくったー」を開発したが、このアプリを利用して、商店街の店主や地域住民がツイッターで高齢者と交流し、高齢者の状況を把握するとともに、孤立化・孤独化を防いでいる。

ICT を活用すれば、農山漁村地域でも、「モノを売る仕事」の範囲が生活支援の観点以上に大きく拡大する可能性は確実にあり、Uターン、Iターンを目指す若者にとっては有力なチャンスであろう。

⑸　社会的な連携の強化

農山漁村地域はヒト、モノ、カネ、情報などの経営資源は潤沢ではない。そのため、周辺の学校や NPO、行政などとの連携が必要である。商店どうしの連携では、類似した経営資源を共有・活用・補強できるので、コストの削減やスケール・メリット（規模を大きくすることで得られる利益）を獲得できる。これに対して、異質な組

NOTE

織との連携は、自分たちがもっていない経営資源を活用することで、これまでにないサービスの提供が期待できる。このような多様な連携を通じて、新しい形態の「モノを売る仕事」を開発することができる。

　農山漁村地域へのUターン、Iターンを目指す若者たちは、地域にない人脈・知恵・情報・文化などをすでに多く身につけており、それらが地域において有力な資源として果たす役割は大きい。

第4節　まとめ

　農山漁村地域の商店や商店街という「モノを売る仕事」は、それを担う「商店主」の生計を立て、地域住民の衣食住の生活を支えてきた。

　しかし、流通チャネルの多様化や、消費者のライフスタイルの変化、人口減少、高齢化、後継者不足などにより、そこで「モノを売る仕事」を取り巻く環境はますますきびしくなっている。そして「買物難民」といわれる人びとを生みだし、深刻な社会問題になっているが、本章ではその解決の糸口を考えてみた。

　また、地域住民の生活を支えつつ、みずからの生計の基盤であった「モノを売る仕事」や、その集まりである商店街をいかに再生するかが、重要な課題である。ここでは、地域課題の解決への貢献、人材の開発、商店の魅力づくり、ICTの活用、多様な組織との連携の視点でそれらの課題を検討した。

　これらの取組みはすでに実施されており、元気を回復した事例も少なくない。そして、Uターン、Iターンの若者たちがエネルギーと知恵をだしてこれらの諸課題にかかわることで、生きがい・やりがいという満足を得るとともに、生活の質を向上させることができる。

《One Point Column》

地域自慢の歌をつくってアピールしよう！

民謡には、地域の「宝」を誇るものがたくさんある。現代の「お国自慢」を見つけて、地域全体の良さや特産品だけでなく、商店街や個店の魅力を広く発信する歌をつくってみたら、どうであろうか。

NOTE

(1) 本章の内容を要約してみよう。

(2) 本章を読んだ感想を書いてみよう。

(3) 説明してみよう。

① 小売業とは、なんでしょうか。

② ネットビジネスとは、なんでしょうか。

③ 商店街の役割とは、なんでしょうか。

(4) 考えてみよう。農山漁村地域の住民の生活を支えるとともに、自分の生計を立てていた「モノを売る仕事」が、なぜ衰退したのか、どのようにしたら再生できるのか、考えてみよう。

(5) 調べてみよう。過疎地域において「買物難民」問題を解決している事例を調べてみよう。

経営学のススメ⑧

「イベント」による地域づくり

　地域にある神社を中心に行われる祭りは、人びとを集めて楽しくさせるイベントの代表である。祭りが有名になると、地域外からも観光客を呼び寄せ、にぎわいを見せる。いつもは比較的静かな地域も、祭りになるとまったく別の姿になる。そして、町なかにある小さな祠（ほこら）の夜宮（よみや）には多くの住民が集まってくる。

　祭りはこのように「人を呼びこむ力」をもっているが、これと同じように、地域づくりでも人を呼びこむために、各種のイベントやフェス（ティバル）が、企画・実施されてきた。商店街は売り出しセールや朝市などのほか、各種の文化系イベントを開催して客を集めようとしている。そして、立派な体育施設をもっている自治体は、スポーツ大会などを誘致・開催して来訪者を増やそうとしている。スポーツではサッカーなどを中心に、地域でチームを運営する地域密着型のクラブが組織されており、試合のほかに各種のイベントを企画している。

　地域の商工団体や観光協会なども、地域づくりの一環としてイベントを積極的に行っている。行政はそのイベントをサポートし、地元の新聞社やテレビ局も協力的である。

　さて、大都市や県レベルには「観光・コンベンションビューロー」という組織が開設されており、観光の推進だけでなく、比較的大規模な各種の会議や大会・研究発表会、商品の展示会、文化系・スポーツ系イベントの誘致・開催などを行って、来訪者を呼びこむというコンベンション業務を担当している。

　近年ではコンベンションという言葉よりも、MICE（マイス、Meeting, Incentive, Convention, Event or Exhibition）のほうがよく使用されており、企業の研修旅行や招待旅行なども加えることで、上述の内容をさらに広げている。つまり、マイスやコンベンションには、単純な観光とは異なるイベント的な要素が大きい。

　ただし、観光・コンベンションビューローは大規模な施設や人員を有する大都市や県レベルのものであり、農山漁村地域の基礎自治体には資源的な制約もあって、独自に活動を行うことがむずかしい。しかし、すでに述べたように、地域の商工団体や観光協会はイベントを行い、地域内ではそれなりの役割を果たしている。

　地域内で始めたイベントのなかには、努力と工夫によって全国的なイベントに発展したものも多い。たとえば、「モチの文化」で有名な岩手県一関市の「全国地ビールフェスティバル in 一関」もその事例である。1997（平成9）年に、前身であるイベントが世界遺産の町・平泉町で開催され、翌年一関市で第1回目が改めて行われた。きっかけは、同市の酒造会社である世嬉の一酒造(株)が全国的な地ビールブームのなかで、

「いわて蔵ビール」という地ビールをつくったことであり、岩手県の担当者が同市の観光協会に提案してスタートさせている。

第1回の出店は26社で、ビールをメーカーから仕入れて地域の住民たちが販売しているが、人出は多くなく、立ちあげの時期には多くの困難が続いている。変化が生じたのは7回目の前夜祭で、「一関には、全国のどのメーカーも参加しよう」という発言があったことである。翌年から全都道府県の地ビールメーカーが出店、運営を支えるボランティアも増加し、発展の基礎となっている。

10回目になると、「一関・地ビールストリート」を設けるという新しい改善を行っている。全国の地ビールメーカーが参加しているものの、食品ブース以外には波及効果らしいものがなかったので、プレイベントを実施したのである。具体的には、地元の飲食店にも協力を求め、県産食材の逸品としての"おつまみ"を提供している。また、スタンプラリーを行って、各店舗に客が集まるようにしている。

1回目のビール販売量は約2,000リットルであったが、18回目には約1万3,500リットルに増加している。参加メーカーも第1回の26社から第14回で70社に、さらに20回目には100社に増加している。

このような成功の背景には、世嬉の一酒造の社長・佐藤航らの貢献が大きいが、なによりも全国各地のフェスを見学・学習して、それを活かしていることである。たとえば、福島県郡山市の「ビール祭」は国内の大手メーカーが関与しており、そこから改善のヒントを得ている。具体的には、立ち飲みできる場所をつくったり、乾杯を1時間おきに行ったりしている。そして、ほぼ同じ時期にスタートした北海道北見市の「オクトーバーフェスト」や、岡山県津山市の「全日本地ビールフェスタ」などとは、競争しながら発展していこうとしている。

なお、一関市のフェスで注目したいのは、来訪者を地元の飲食店に誘導するために、終了時間を夜8時までとしていることである。類似のイベントでは深夜までが多いが、一関市のフェスは8時までにして、そのあとは地域の飲食店を利用してもらい、共生をはかろうとしている。

このような各種のイベントが全国各地で開催され、訪問人口を増やす取組みが見られている。

（設問1）　「イベント」に関連して、コンベンションやマイスということばの意味をまとめてみてください。

（設問2）　あなたの関心がある農山漁村地域のイベントを具体的に調べてください。

第9章

観光による自立的な地域づくり

　近年、都市地域から関心のある農山漁村地域にUターン、Iターンして、企業など に頼らずに働き生きる人びとが増えている。これらの人びとは地域に働く場がなけれ ば、みずから仕事を創出し、生きがい・やりがいを得て地域の活性化・地域づくりに 貢献している。

　これまでの章で述べてきたように、過疎地域にはモノづくりの仕事やモノを売る仕 事など、意外にも多くのチャンスがある。

　それだけでなく、その地域のモノを「見る」、「知る」、「感じる」、「食べる」、「体験 する」ために訪問・見学・旅行する人びとが増えるのであれば、そこにも新しい「仕 事」や「働く場」を創出することができる。

　そこに名所旧跡がなくても、来訪者には新鮮で魅力あふれる「見どころ」はたくさ んあり、また、「参加する」伝統行事も多く、それらは地域住民が気づかない貴重な 観光資源である。

　そのような潜在的な資源を生かした取組みや活動により、多くの人びとを招き入れ ることができれば、過疎地域にさまざまな社会的、経済的なメリットがもたらされ、 地域活性化の原動力として期待される。

　本章を読むと、以下のことが理解できるようになる。

① 　農山漁村地域における日常の生活、見慣れた風景や地域の行事などがその地域 　 外の人びとにとってしばしば新鮮な魅力になる。名所旧跡がなくても、外から 　 「人を呼びこむ活動」が可能であり、そこに「仕事」や「働く場」を創出できる 　 こと。

② 　多くの来訪者が来ることは地域に大きな社会的・経済的な効果をもたらし、活 　 性化に貢献すること。

③ 　人を呼びこむためには、「見る」、「知る」、「感じる」、「食べる」、「体験する」 　 対象の魅力の発見と、それに関連した活動が必要であること。

第1節　農山漁村地域の観光資源

(1)　「人を地域に呼びこむ」仕事の創出

これまでの章で、「モノをつくる、売る仕事」などは、創意工夫すれば過疎地域でも創出することができるし、意外にもそのチャンスは多くある、と述べてきた。そして、その地域に魅力ある「見る」、「知る」、「感じる」、「食べる」、「体験する」などの対象があれば、外から多くの人が訪問・旅行・観光するし、そこに新しい「仕事」や「働く場」を創出できる。多くの人を外部から呼びこむことができれば、経済的・社会的なメリットを得られるので、地域の活性化に貢献するであろう。

農山漁村地域の衰退が進むなかで、活性化のために企業誘致、文化施設、テーマパーク、レジャー施設などの開発や誘致が行われてきた。たしかに、それらはある程度の効果を一時的にもたらした。

しかし、誘致した企業・工場の多くは経済のグローバル化の波に飲まれ、その地を離れたり規模を縮小したりした。また開発・誘致したハコモノ的な施設は必ずしも市場性があったわけではなく、その後維持・運営費がかさみ、設置者に多大な負担を強いて「負の遺産」として次世代に引き継がれるケースも多かった。

さらに、各種のイベントを開催することで地域に外部から人を呼びこんで地域振興を図ることも行われてきた。しかし、イベントの多くは一過性のためその効果も長続きしなかった。

このように、現在では、施設開発やイベント開催に依存する地域振興の限界が明らかになっており、これにかわる新たな考え方が求められている。それが、「自立的な志向性」に基づいた地域ブランドの創造による観光の取組みである。

(2)　地域の観光資源の発掘

農山漁村地域に外部から人を呼びこむには、自分たちの地域には特段の資源がないと考える人が多い。たしかに、京都・奈良の名所旧跡を見学するような従来型観光をイメージすれば、そのように考えることも無理はない。

しかし、今日の観光は過去のものとはかなり異なっている。たとえば、地元地域の人びとの日常的な生活、見慣れた光景や自然、地域に長くある神社や寺院などの祭りや伝統芸能なども、外部の人びとにとっては新鮮な観光の対象になる。つまり、その地域に存在する「見る」、「知る」、「感じる」、「食べる」、「体験する」対象がもつ魅力

NOTE

度が他の地域に比較して高いのであれば、多くの人はその地域を訪問・旅行・観光するであろう。

たとえば、耕作されなくなった「棚田」が日本の原風景と賞賛され、キャンドルや松明（たいまつ）に照らされた幻想的な風景が人びとを魅了している。そして、農家に泊まり、田植え・稲刈りなどの農業体験ツアーに参加する人びともいる。澄み切った夜空や里山をもつ農山村地域では、天体観測や動植物観察を目的にした「ネイチャー観光」が注目されている。また、漁村でも地元民家に宿泊し、採れたての新鮮な海産物を食べたり、「地引き網」などの体験ができる。

神社仏閣の参拝はこれまで中高年の物見遊山（ものみゆさん）の要素が強かったが、最近では御朱印（ごしゅいん）を集める人びとが増え、また「パワースポット」ブームも加わり、多くの若い人が参拝している。さらに、宿坊に泊まって精進料理を食べたり、座禅や写経を体験することも人気である。これらは、仏教や神道を信仰しない外国人観光者にも興味の対象になっている。

くわえて、日本のアニメ、漫画、映画などのポップカルチャーも国内外で人気があり、映画のシーンとして選ばれたという理由だけで、どこにでもあるような踏切やバス停などが観光スポットになっている。

このように、名所旧跡がない農山漁村地域であっても潜在的な資源は多くあり、外部から人を呼びこめる可能性を秘めている。これらの資源の開発には、巨額な施設や設備投資が必要ではなく、むしろ地域の自然・景観・生活・文化をそのままのかたちで見せることである。つまり、地域にある「見る」、「知る」、「感じる」、「食べる」、「体験する」対象のすべてが資源であり、その魅力度・新鮮度が高ければ、それだけ多くの人にアピールする。

現代の地域観光の成否は、地域がもつ潜在資源の魅力・価値をいかに引きだし、人びとにアピールするかにかかっている。そこで、農山漁村地域にUターン、Iターンする人にとって、地域観光という「仕事」や「働く場」もひとつの選択肢になるであろう。

第2節　農山漁村地域の観光動向

(1)　グリーン・ツーリズムの実践
大分県日田市大山町 JA の取組みは、無理のない手法で収益のあがる農業と関連事

業を展開して、外部から多くの人を同町に呼びこんでいる。この JA の取組みは、同県で 1979 年にスタートした、地域特産物を創る「一村一品運動」の先駆的なモデルであった。まず 1961 年に特産品づくりとしてウメやクワの栽培を始め、その後キノコ、ハーブ、クレソンなど多品種少量生産に取り組んだ。そして、ユズコショウなどの食品加工が始まり、1990 年には農産物の直売店である「木の花ガルテン」を開店している。

　さらに、2001 年には「五馬媛（いつまひめ）の里」をオープンしている。この店名はこの地域に古墳時代にいたとされる女性指導者の名前に由来しており、広大な山のなかに 200 種類を超える多くの樹木が植栽され、来訪者が自然を満喫できるようになっている。それは里山の散策、梅や古代米の収穫、シイタケ採りなどの農業体験ができる、「グリーン・ツーリズム」でもあり、多くの人びとを都市地域から呼びこむことに成功している。

　これと類似の取組みは他の地域でも行われている。このように、大山町 JA では収益のあがる農業や関連事業を実現しており、若者の地元定着率も高くなっている。その結果、大山地区の人口減少は相対的に低い。

(2)　「食の観光」の推進

　農山漁村地域では豊富な農作物や水産物を産出するとともに、地域独特の食文化を創造してきた。このような「食」に重点をおいた地域ブランドを生みだして、外部の人を呼びこむ挑戦が全国各地で行われている。

　栃木県宇都宮市や静岡県浜松市は「ぎょうざの街」として有名であるが、それ以外にも、全国各地の市町村が地元独特の食文化をアピールしている。たとえば、「ジンギスカン」（岩手県遠野市）、「パスタの街」（群馬県高崎市）、「ふじかわもろこ」（山梨県の富士川町、身延町、南部町、甲府市）、「すき焼き発祥の地」（滋賀県竜王町）、「海軍グルメ」（広島県呉市）、「とり天」（大分県大分市と別府市）、「あか牛丼」（熊本県阿蘇市）など、その例は非常に多い。

　また日本人の国民食といえる「ラーメン」をアピールする地域は多い。たとえば、神奈川県三浦市の三崎港はかつてマグロ漁業で繁栄していたが、マグロ業の不振とともに賑わいを失ったので、「三浦ツナ之助」というユルキャラを創るとともに「三崎まぐろラーメン」を復活させて地域振興を目指している。このように、地名を冠した「○○ラーメン」は、全国各地にて見られる。

NOTE

⑶ 「コト体験」重視の観光

　静岡県の大井川鐵道は、島田市や川根本町に本線と大井川線をもつ走行距離約65キロの小さな鉄道会社であるが、蒸気機関車を保存するとともに、それを営業運行することで有名である。同社は2014年から「SLトーマス」を走らせて全国的に注目され、人気を集めている。

　これは、イギリスの人気アニメ「きかんしゃトーマス」の外観を模倣・改装した蒸気機関車（SL）ではあるが、多くのファンを同地域に呼びこむことに成功している。このように、特別な列車に「乗車するコト」体験で集客を図る取組みは、いま全国各地に見られている。

　また、熊本県阿蘇市は、2014年に阿蘇の「振興と観光」のブランドを象徴するものとして「然（ぜん）」という言葉を使って、観光客誘致の広報活動を行っている。ここでいう「然」は「この地の美しさであり、そこから得る恵みであり、それを育てる人びとの技であり、広い意味の文化」を示している。それには、阿蘇ならではの自然風土、人物、モノ、技能とその製品、阿蘇の魅力を引きだす創意工夫など、阿蘇にしかないものが含まれている。

　「阿蘇百然」に認定されれば認定証が出され、そのなかに地域ブランドとして「阿蘇ならではの人間」を認定する点がユニークである。そして、この地域ブランド人材として認定された人物に直接に会いにくるコトをアピールしている。これらの人物を写真集やポスターに起用して広告宣伝し、同地域の訪問者・宿泊客の増加を目指している。

　昭和女子大学の学生たちが中心になって、2016年に富山県朝日町の「ヒスイ海岸」に設置した「海の家」の活動（夏期限定）も、地域に根ざす資源を活用したコト体験の取組みである。ヒスイ海岸では透明度の高いヒスイの原石が落ちているが、それを探したり、カニやタラの地元料理を食べたり、海岸でナイトシアター（映画上映）を楽しんだり、さまざまなコト体験を通じて観光客の思い出づくりに貢献している。

　香川県琴平町の㈱中野屋は、2008年に「こんぴらさん」参道にある古い旅館を購入して、讃岐うどんづくり体験の教室「中野うどん学校」を開設している（高松市にも開設）。ここでは土産物などの物品販売も行うが、うどんの生地をこねて伸ばして切る作業を行い、その後ゆでてそれを食べるという一連のコトを体験してもらうのが、主な内容になっている。これには、国内旅行者のみならず、外国人観光客の参加

も多い。

コト体験は観光の新しい動きとして注目されている。最近「民旅（みんたび）」という言葉が使用されるが、それは、地域の人びとの知恵とエネルギーによってつくられたコト体験を企画・実施しようとしていることを示している。

⑷　地域おこし会社の事例

いま全国各地に「地域おこし会社」の設立が増加している。そこでは、地元の特産品や観光資源を国内外に売り、外部から人を呼びこむなど、多面的に活動しながら自主的な地域づくりをめざしている。

島根県雲南市の「㈱吉田ふるさと村」は、1985年に雇用の創出と地域の活性化を目指して、地元自治体と住民の出資により設立された。同社は地元農作物の加工品の製造・販売とともに、宿泊施設、レストランなどの経営、水道工事や雲南市民バスの運行まで幅広い業務を行っている。

農産加工品として卵かけごはん専用の醤油「おたまはん」を製造・販売したところ、大ヒット商品になり、約300万本を売りあげている。また、観光事業で地元に伝わる「たたら製鉄」という伝統的技術の遺構や「鉄の歴史博物館」の見学ツアーを売り物にして、外部から多くの人を集めている。

高知県四万十（しまんと）市の「㈱四万十ドラマ」は、1994年に四万十川流域町村（旧大正村・十和村・西土佐村）の出資で第三セクターとして設立された。同社は高知県が日本の紅茶発祥の地であることから、紅茶生産を復活させ、茶葉、紅茶ロールケーキ、ジャムなどの商品化に取り組んでいる。その結果、茶葉の生産面積が増加し、遊休農地の再生にもつながっている。

同社は地元の資源にこだわった商品開発だけでなく、道の駅運営、通信販売、観光交流、ノウハウ移転、そして人材育成にも取り組み、広い視点から長期的な地域づくりに貢献している。

第3節　持続的な地域観光発展の課題

⑴　地域間の広域連携

ひとつの地域内の観光資源だけでは魅力が不足すると思われる場合でも、地域どうしが連携すればシナジー（相乗）効果で魅力度が増幅する。そのため、観光資源につ

いては、地域を越えた広域で検討することが重要である。つまり、複数地域のさまざまな観光資源を結合し、各地域を周遊できるようにしてシナジー効果を高めるのである。

たとえば、「昇龍道（しょうりゅうどう）プロジェクト」は中部・北陸9県（富山・石川・福井・長野・岐阜・静岡・愛知・三重・滋賀）をつなぐ街道に着目し、そこにある山、食や酒、歴史や匠（たくみ）によるモノづくりをテーマにして始まっているが、これは広域ルートづくりの例である。

また、地域の文化遺産をひとつのストーリーに融合して地域連携を促進することもできる。たとえば、前述の「たたら製鉄」では、雲南市、安来市、奥出雲市を結びつけて「出雲國たたら風土記」として売り込むことができる。そして、三重県甲賀市と滋賀県甲賀市は、いずれも「忍者」を地域振興の目玉にしてきたが、両市を結び付けて「忍びの里　伊賀・甲賀」として売りだしている。なおこれは、平成29年に「日本遺産」に認定されている。

また、熊本県山鹿（やまが）市、玉名市、菊池市、和水（なごみ）町は、菊池川流域を「今昔『水稲』物語」として結びつけて、地域振興を図っている。さらに、岩手県の一関市平泉、遠野市、花巻市を結ぶ「クラシック街道」、盛岡市、紫波（しわ）町、葛巻（くずまき）町の「いわて地酒めぐり」など、全国各地でいろいろなコース開発が行われている。

⑵　外部者による視点

農山村漁村地域を前提にした観光では、たとえば、農家に宿泊して農作業を体験したり、地域の伝統行事や祭りなどに参加したり、地域の人びとと交流したりするなどの「滞在型・参加型観光」が注目されている。また、日常生活の営みや、地域のありのままの姿のなかに観光の素材を発見し、それを自分流に組み合わせることが重視されている。

しかし、「滞在、参加、交流、組合せ」というキーワードを具体化し、それを観光商品へと組み立てることは容易ではない。なぜなら、日常生活や地域社会そのものがあまりにも身近なものであるので、どこに魅力や価値があるのかがわかりにくいからである。そこで、地域観光の商品企画に際しては、Uターン、Iターン者を含む地域外の人びとや外国人などの意見を取り入れ、客観的に地域を観察して他の地域にない特異性・独自性を発見することが求められる。

NOTE

(3) ICT 社会への対応

　農山漁村地域に限らず、現在の観光客の多くは必要な情報を市販されたガイドブックだけでなく、個人使用の情報機器の普及により、企業や地域のホームページや、ツイッター、インスタグラムなどの SNS を利用して検索・入手している。

　また、観光後もすぐさま現地で、自分の体験を SNS で発信したりする。そして、多くの人びとがそれから得た情報を旅行の参考にして行動している。したがって、最新の観光情報は地元の観光協会が紙媒体で発信するよりも、観光客みずからがリアルタイムで伝えるという現象が発生している。観光客が瞬時に情報を発信するので、情報の受信・発信のタイムラグが減少し、その結果、観光客の不満や観光業者のサービスの失敗などは隠すことができなくなっている。

　このように、ICT 社会のこんにち、観光による地域づくりに着手するときには、Wi-Fi の完備だけでなく、ICT 社会全般への対応が課題になっている。

(4) 「チャンスの場」としての地域観光

　農山漁村地域に U ターン、I ターンした移住者が地域における未開拓な地域観光に従事することは、大きなチャンスになろう。近年、多くの大学に観光学の科目や観光学部が設置され、「観光人材」の育成が行われているが、このような人材にとっても、大都市の「成熟した観光業」よりも未開拓な過疎地域こそがチャンスの場であり、そこでは「即戦力」としてすぐに力を発揮できるであろう。

　地域観光に従事する人材に求められるのは、地域の観光資源を具体的に熟知し、観光客のニーズを見きわめながら、地域に隠れた資源を発掘し、それを観光商品に組み立て、さらに観光の面から地域づくりのビジョンを描き、それに関与する人びとに未来を語り、その実現を鼓舞できることである。このような活動も、それぞれの地域が自立的かつ継続的に生き続けていこうという「自立的な志向性」を示している。

　観光商品の開発には試行錯誤が不可欠であり、そのための費用がかかるので、必要に応じて地域住民や地元企業から活動資金の寄付・出資を要請したり、各地の地域活性化ファンドやクラウド・ファンディングを用いることも求められる。

第4節　まとめ

　わが国は現在、「観光先進国」の実現を目指しているが、課題は手つかずの資源を

NOTE

もつ農山漁村地域の観光開発や観光振興である。経済的効果だけでなく、観光により地域と観光客のあいだで相互理解が深まったり、住民の地域に対する愛着心が高まる社会的な効果があるので、地域づくりにとって観光は重要である。

　さて、住民にとって見慣れた自然や風景などが、外部から来る人びとの魅力ある観光対象になっている。そのため、伝統的な観光資源がない場合でも、観光による地域づくりに取り組むことが可能であり、それを通じて地域としての自立性を主張しうることを明らかにした。

　そのためには、地域間の広域連携の視点をとり入れる、外部者の視点を重視する、ICT 社会の動向に対応する、などに加えて、わが国の大学などで育成され始めた若い「観光人材」が、農山漁村地域に大きなチャンスを見いだすことが大切である。現代の地域観光はいまだ未開拓であり、きわめて大きなチャンスの場である。

《One Point Column》

観光ボランティア・ガイドを経験してみよう！

住民が自分の住んでいる地域の歴史や文化などを理解し、訓練をつんで来訪者や観光客に対してボランティアでガイドする経験をもつことが大切である。住民が行うこのようなサービスこそ、"おもてなし"の原点になる。

(1) 本章の内容を要約してみよう。

(2) 本章を読んだ感想を書いてみよう。

(3) 説明してみよう。

① 観光の地域に対する社会的効果と経済的効果とは、なんでしょうか。

② 「食の観光」とは、なんでしょうか。

③ 滞在交流型の観光商品とは、なんでしょうか。

(4) 考えてみよう。地域の自立のために、観光商品をつくることは、どのような意味をもっていると思いますか。

(5) 調べてみよう。あなたの関心のある農山漁村地域を事例にして、そこでどのような観光ビジネスを行っているのか、その特徴を調べてみよう。

経営学のススメ⑨

観光——変化、効果、課題——

① 観光の変化：「ディスカバー・ジャパン」から「ビジット・ジャパン」へ

日本国有鉄道（現在の JR 各社の前身）は、1970 年に国内旅行の推進を目指して、「ディスカバー・ジャパン・キャンペーン」を開始した。このキャンペーンは国民所得の向上や余暇時間の増加などの「豊かな社会」への移行を背景に、国内旅行客の増加を目的に行われた。

しかし、90 年代の初頭に始まったバブル経済の崩壊により、国内旅行者数は減少に転じてしまい、国内の宿泊観光旅行の回数は 91 年の 3.0 回から 2015 年の 2.3 回へと、長期的な低下傾向を示してきた。一方、国際観光に視点を移すと、日本人の海外旅行者数が訪日外国人観光者数を大幅に上まわる状態が続いていた。しかし、この傾向に近年変化が生じている。日本人の海外旅行者の伸び率が 95 年ごろから鈍化し始め、その後は現在に至るまで 1,600 万人から 1,700 万人のあいだで推移している。

これに対して、訪日の外国人旅行者数は 2012 年ごろから増加し始め、翌年には 1,000 万人を超え、14 年には約 1,300 万人となり、旅行収支が約 44 年ぶりに黒字に転換した。増加はその後も続き、16 年には約 2,400 万人を超えている。

2020 年のオリンピック・パラリンピック東京大会の開催をひかえて、政府は訪日外国人旅行者を同年までに 4,000 万人に増やすことを新たな目標とし、官民が一体となって、「ビジット・ジャパン・キャンペーン」を展開している。

② 観光が地域にもたらす効果

観光は地域に対してさまざまな効果をもたらしている。観光客がある地域を訪れ、その生活や歴史、自然などを体験することで、その地域を理解するようになる。そして、地域には外部からの観光客と触れあうことで、交流の効果と相互理解が生まれる。つまり、人的交流という「社会的な効果」が観光にはある。

また、観光客が集まって地域が有名になると、そこの民芸品や特産品の知名度が高まり、一般の人びととの関心をひくようになる。その結果、ネット通販や物産展への参加が可能になり、民芸品や特産品の販路拡大につながるという「経済的な効果」が生じる。

そして、地域の人びとがありふれたものと思っていた生活や歴史、自然などを目的に来訪する人が増えることで、自分たちの文化などの価値に気づき、地域に対する愛着や誇り（プライド）を感じるようになる。それとともに、文化財や自然が観光資源になるため、その保護にいっそう配慮するようになる。これにより、地域の人びとは自分が住んでいる地域にプライドをもてるという「心理的効果」が生まれる。

さて、観光は地域の宿泊や飲食、交通関係の業者のほかに、小売業や農水産業、さらに特産品をつくる製造業などの広範な産業を内包している。したがって、観光はそれらの産業を振興させ、雇用を生みだす力や税収効果を高める。今後も外国人客が増加すると考えられるので、「経済的な効果」は大きくなるであろう。

③　地域における課題

平成の大合併によって市域が大幅に拡大した地域があり、生活や歴史が異なる地域がひとつの基礎自治体となっている。このようなところでは、地域住民の一体化を図るために、市民向けの「市内観光」を推進する必要がある。さらに、外国人を含む外からの来訪者の増加も課題となる。

外国人のこれまでの日本観光は「成田空港－東京－富士山－京都－関西空港」のゴールデン・ルートと、その周辺のコースが有力であった。しかし、農山漁村地域への来訪はこれからの課題であり、同時にきわめて大きなチャンスになっている。

東南アジアなどからの外国人のなかには、複数回来日する「リピーター」が増加し、東京、大阪などの大都市以外の地域をまわることが期待されている。このようななかで、集客力が弱かった地方空港のなかには、東南アジアとのあいだに定期便を開設したり、チャーター便を増やす動きが目立っており、外国人の来訪が盛んになり始めている。

ただし、この来訪を真に支えるのは「地域住民」である。農山漁村地域は都市地域にあるようなホテルや宿泊施設を完備することはむずかしく、それにかわって、民宿などの拡充で外国人の増加に対応することが必要となろう。

また、言語や文化が異なる外国人をどのようにもてなすかについては、住民が学習と経験を積み重ねて習得することになる。そして、少なくとも自分の生活圏のなかで、宿泊とともに自分たちの生活や周辺の環境を見せることでも人的な交流が得られる。

なお、地域を案内できる観光ボランティアの人材も必要である。もしいなければ、観光協会などが中心になって、そのような人材を発見したり育成することが求められる。

（設問1）　「ディスカバー・ジャパン」と「ビジット・ジャパン」のちがいはどのようなものでしょうか。

（設問2）　観光が地域にもたらす効果（メリット）をまとめるとともに、デメリットについても検討してみてください。

（飯嶋　好彦）

第10章

「生き学としての地域経営学」の
構築にむけて

　本シリーズの第1巻および第2巻において、働き方・生き方が多様化するなかで、企業などに「雇われて働く」ことにこだわらず、自律的に働き生きることがキャリアやライフの選択肢になるとし、それとの関連から、ビジネスやマネジメントについて考察してきた。それが「生き学としての経営学」の基本的な視点であった。

　第3巻となる本書では、その視点を農山漁村地域・過疎地域に舞台を移して考察している。つまり、そのような地域にUターン、Iターンする人びとは、仕事がなければ起業するなど、みずから仕事を創出して自律的に働き生き、それを通じて地域づくりに参画・貢献することができる。他方で、地域産業が「自立的な志向性」の動きを見せており、そのような人びとにとって確実に「チャンスの場」になっている。

　本章を学習すると、以下のことが理解できるようになる。

① 農山漁村地域は自律的な人間にとって自己成長や自己実現の舞台であること。それは観察や傍観の対象ではなく、それぞれの地域住民が主体的に関与することで革新して活性化する対象であること。

② 日本経済の変化やグローバル化の影響によって、農山漁村地域は衰退・疲弊したが、それに対する前向きの対応が確実に見られること。

③ 「生きがい・やりがい」や「生活の質」の視点で言うと、都市地域で「雇われて働く」生活がすべてではない。農山漁村地域・過疎地域で自律的に働き生きることも有力でハッピーな選択肢のひとつになること。

④ 個々人が21世紀を働き生きていくには、農山漁村地域・過疎地域に対する見方を大きく変える必要性があること。

⑤ この地域におけるワーキング・スタイルは、オープン・マインドが大切であり、「地域の個性」をつくるのは地域住民であること。

NOTE

第1節 「生き学としての経営学」の視点

⑴ 自律的に働き生きる場としての「地域」

「生き学としての経営学」の基本的な視点は、個々人の自律的な生き方・働き方との関連でビジネスやマネジメントを考察することである。本書で扱う地域は農山漁村地域・過疎地域であり、その地域の住民がこのように働き生きることで「満足」を実感する場、自己実現する舞台であり、そのあり方を革新する対象である。つまり、「地域」はたんなる「位置」、「場所」、「存在」ではない。

長い間、日本企業では終身雇用・年功序列の慣行が根強く支配し、そこで働く多数派の人びとは、大過なく定年を迎えることが安定した生活保障の条件であり、それがほぼ唯一のワーキング・スタイルであった。そして、個々人のキャリア開発はすべて企業主導で進められ、人事異動を含めて企業の意思にゆだねられていた。

しかし、この状況は「バブル経済」の崩壊後に大きく変わってしまう。崩壊後の長期に及ぶ経済活動の低迷のなかで、終身雇用・年功序列の雇用慣行は崩れてしまい、雇用形態は多様化して契約社員・派遣社員・アルバイトなどの非正規雇用が増加した。

そして産業構造・事業構造の変化により、全体としての労働力市場は流動化し、「労働移動の時代」に移行した。このように、「成長神話」だけでなく、「大企業なら安心だ」という「大企業神話」も崩壊した。そして、会社側が「会社をアテにしないでくれ」と言いだし、働く側も「アテにできない」と思うようになっている。

その結果、働く人びとの人生観・価値観・職業意識は多様化し、その生き方・働き方もまた多様化している。特定の企業に雇われて働くことがすべてではなく、「自分で企業をつくり育てる」（第2巻）ことも有力な選択肢になっており、さらに、自分の価値観・職業意識に合う仕事や職場を国内外に求める時代になっている。

その延長として、農山漁村地域に移住して働き生きることが、有力な選択肢になっている。そして、過疎地域で起業し、生きがい・やりがいを感じ、人間らしい生活の質の向上を求め、地域の活性化や再生に関与・貢献している人びとが増加している。

⑵ 「地域」の存続・発展に貢献するという視点

「生き学としての経営学」から見れば、「地域」は一面では個人が自律的に働き生きることを通じて自己成長・自己実現する舞台であるが、他面においては、存続・発展

NOTE

させる対象であり、それを目指して貢献・支援することも生き方の選択肢である。つまり、農山漁村地域・過疎地域の衰退・疲弊をくいとめて、地域の「活性化」や「再生」に貢献して地域を存続・発展させる視点も必要である。

(3) 「自立的な志向性」の顕在化と「チャンスの場」としての地域産業

衰退・疲弊しているとされてきた農山漁村地域においても、地域資源を活用して地域のブランド品や特産品を創造するなど、地域の「自立的な志向性」に基づく活動・取組みが見られるようになっており、地域産業は働き生きるためのチャンスや活躍する場になっている。

したがって、地域に移住・定住して、地域づくりの「推進者」になることも生き方の選択肢である。その事例を第4章から第9章において示してきたが、農山漁村地域については、このように視点を少し変えると、ちがった側面がかなり見えてくる。

第2節　農山漁村地域の衰退への対応

(1) 産業構造の変化と第一次産業の衰退

農山漁村地域が衰退した大きな原因として、日本全体の産業構造の変化の影響がある。長い歴史のなかで農業・林業・漁業などに従事する人びとは、農村・山村・漁村で働き生活することが前提であった。第一次産業の場合、労働の対象は自然界の田畑・山林・海洋などと一体化しており、そこで働く人びとが農山漁村地域に集合・居住することは当然であった。しかし、高度経済成長の時代に第一次産業が衰退するとともに、農山漁村地域もまた衰退・疲弊してきた。

日本の産業構造は1955（昭和30）年代以降の高度経済成長の進展と日米経済協力の深化の過程で、大きく変容し、農林業などは衰退し、これにかわって機械工業・化学工業などの比重が大きくなった。それとともに、農山漁村地域における労働力の多くが都市地域へと流出した。とくに若者の多くは中・高校卒業後に就職・進学のために流出した。そして、彼らの多くは都市地域の企業で働くことになり、社会全体として「雇われて働く」人びとが多数派を占めるに至った。

その後、日本の高度経済成長は1970年代半ばまで続いたが、2度のオイルショックを経て低成長時代に移行し、産業構造も情報産業などを中核とする「ソフト産業」にウエートが大きく移行したが、第一次産業はさらなる衰退が継続した。

NOTE

そして、農山漁村地域の人口の流出（過疎化）と、都市地域の人口の集中（過密化）も進展して過疎・過密の二極化が顕著になり、都市地域には働く場があるが、過疎地域には働く場がないという状況が出現した。さらに、この傾向に拍車をかけるのが、農水産物や材木などの海外依存の増加、少子高齢化の進展、自然災害の増加などであった。

⑵　経済のグローバル化と第一次産業の衰退

日本経済の国際化・グローバル化が進んで、先進的な工業製品を輸出するのと引きかえに、多くの農水産物を諸外国から輸入することになり、その依存度が高まるようになった。しかも、輸入品の価格が国内産よりも安いため、わが国の第一次産業の国際競争力は失われ、食料自給率が 40% 前後にまで低下した。

このような外圧により第一次産業はさらに衰退し、農山漁村地域の疲弊・過疎化は進展していく。さらに、担い手の高齢化や後継者不足に加えて、「未来に希望が持てない産業」と見られたことも、衰退の原因である。しかし、現在では、「希望をもてる産業」への動きが確実に展開されている。

⑶　少子高齢化の進展と限界集落の増加

少子高齢化の進行も見すごせない。出生率の低下とともに日本の人口の絶対数が減少し、加えて農山漁村地域では高齢者の比重が高まって、これらの人びとが多く死亡する状況も進んでいる。さらに中山間部では、人口が極端に減少する「限界集落」が増加し、このような地域では、医療や買い物が困難になって生活すること自体がむずかしくなっている。

⑷　農山漁村地域における「自然災害」の頻発

農山漁村地域の衰退をさらに進展させた原因は、全国各地で多発する「自然災害」である。地震・豪雨・洪水などの直撃を受けた地域では、多くの人命や財産が失われ、「地域力」がそがれている。さらに、長く続いてきたムラ的な濃密な人間関係も希薄になって、地域の誇りであった伝統的な文化が失われている。また、地域を守る鎮守の森も減少し、血縁や地縁の結びつきよりも、企業などの働く場の確保と継続のほうが重視されて、地域の自然を守ることがおろそかになってきた。

近年の災害の頻発は必ずしもすべて自然現象が原因ではない。たとえば林業では、

NOTE

従事する人の高齢化と安い輸入材の普及により林業の担い手や後継者が減少して、間伐・除草などの手入れが不十分になったり、廃業による山林放置の事例もめずらしくない。その結果、山林自体が荒廃して保水力が低下し、地割れ・地滑り・山崩れ・土石流などを誘発している。これはなかば「人災」ともいえる「災害」であり、国土の保全にとっても林業の再生は急務である。

第3節　農山漁村地域を見る目の転換

(1)　ワーキング・スタイルの多様化と農山漁村地域

1990年代初頭に「バブル経済」が崩壊し、それ以降長期にわたって経済活動は低迷したが、この過程で大企業の事業再構築が進み、終身雇用・年功序列の雇用慣行が崩れ始めた。

いまや個々人は特定の企業などの組織に「雇われて働く」ことがすべてではなく、会社主義・集団主義にこだわらず、自分の幸せの道は自分で切り開き、自分のキャリアはみずから開発して、21世紀を生き抜くことが求められている。

「雇われて働く」生活をやめて、みずからビジネスを立ちあげて起業する人びと、また、その延長として農山漁村地域にUターン、Iターンしてみずから仕事を創出し、自律的に働き生きることを選択する人びとも少なくない。具体的には、農業・林業・漁業を新しい視点・発想で再生したり、過疎地域にうもれた資源を発掘・活用して新しいビジネスを立ちあげている。

つまり、これらの人びとは農山漁村地域で自律的に働き生きることで、生きがい・やりがいと生活の質の向上を求めつつ、地域の活性化・再生に貢献している。

(2)　都市地域で働き生活することの問題点

自己の生き方・働き方を問い直すために、都市地域で雇用されて働き生きることと、農山漁村地域において自律的に働き生きることとを冷静に比較・検討する必要がある。その「視点」は個々人の価値観・人生観により異なっており、「なにが正しい選択であるか」を断定はできないが、つぎのように考えたい。

都市地域の発展と過疎地域の衰退は裏腹の関係にあり、これまでは過疎地域に対して"働く場がない"、"不便である"、"なんにもない"、"発展性が感じられない"などネガティブなイメージが投げかけられてきた。たしかに、この指摘は一面の事実であ

る。しかしながら、都市地域の大企業などで雇用されて働き生きることにもネガティブなイメージがある。便利さの反面で通勤に時間がかかるだけでなく、過重な労働に追いたてられている。そして、働く場があるにせよ、都市地域で「雇われて働く」生活には、あまりにも多くの見すごすことができない問題がある。

日本の年間総労働時間はサービス残業を含めて約1,900〜2,000時間である。ヨーロッパの先進諸国が約1,600時間強であるから、いかに長時間労働であるかがわかる。しかも、日本の企業組織では労働組合の組織率が低く、多くの場合は企業別労働組合であるため、交渉力が弱い。つまり、現在の労働組合は弱体化している。

また、日本の企業では仕事上の「責任と権限」があいまいなために、しばしば意に反した過大な仕事を課せられている。その結果として、働く人の心身の健康がそこなわれ、最悪な場合には「過労死」や「過労自殺」を誘発している。

このような状況のなかで、日本の企業で働く人が「仕事と家庭の両立」や「良好なワークライフバランス」を実現することはきわめて困難である。これらにくわえて、生活問題では安全・安心な生活に対するリスクが高まっている。狭い住宅、交通混雑、大気汚染、ゴミ問題、防犯・防災対策などの「大都市問題」が発生しており、その深刻さが増している。

(3) 農山漁村地域でハッピーに生きる！

仮に都市地域よりも農山漁村地域・過疎地域で働き生きる魅力のほうが大きいと感じるのなら、多くの人びとはそこに移住し、仕事がなければみずから仕事を創出して自律的に働くことを選択するであろう。そして、その地域で自律的に働き生きる際に「地域住民の満足」（住民満足、CSI）を感じるならば、定住意識は高まり、働き生きる意欲も向上する。

第1章でも述べたが、一般に、人間が感じる「満足」の内容は個々人の動機・欲求の差異により異なる。つまり、自己の人生に求める目標が得られたときに、ヒトは「満足」する。たとえば、「カネが人生のすべてで、立身出世が人生の目標だ」という人は、組織のなかで昇進競争に打ち勝ち、高いポストや高い報酬を獲得したときに、人生の「成功」を実感し、大いに「満足」する。

しかし、人間の生活には金銭などの経済的生活だけではなく、人間関係という社会的生活、さらに志・価値観・世界観の実現という文化的生活の側面もある。したがって、生きていく際の「心のふれあい」や「生きがい・やりがい」などを重視してそれ

NOTE

を強く求める人びとにとっては、高いポストや・高い報酬を得ても、少しも「満足」にはならない。

このような人びとは心の触れあう良い人間関係のなかで友好的に仕事・生活ができ、そこに自分の「志」や「理念」、「価値」が実現し、「生きがい・やりがい」が得られるならば、幸せである。そして、そこで基本的な暮らしの営みができ報酬が得られるならば、たとえ過疎地域であっても、定住の意欲は高まるであろう。

そして、農山漁村地域の疲弊した産業を新しい視点や発想で再生したり、住民が直面する社会的課題をビジネスの手法で解決することに、やりがい・生きがい・成長・自己実現を感じれば、ハッピーに生きられる。このように、個々の住民として満足を得て、生活の質が向上することが、地域の活性化の内容である。

「地域住民の満足」や「生活の質の向上」に求められる条件は、第1章でも述べたが、個々人の働く場の創出と働きがい、自己管理による余暇充実の状況、そして生活インフラの整備、という3つであろう。それらは、外部から与えられるものではなく、住民自身の主体的・自立的な参加・関与のプロセスのなかで得られる。

第4節　農山漁村地域の活性化の諸課題

⑴　オープン・マインドの必要性

これらの地域で自立的に仕事を創出して「地域の活性化」に取り組むには、人的なネットワークが重要であり、それには異質性・多様性を受容できるオープン・マインドが必要になる。つまり、それは「心」のグローバル化であり、第3章で述べた「開放性の文化」である。地元の人材と外部の人材との協働ができれば、さまざまなアイデアやノウハウが結合され、効果的に仕事を推進できる。

農山漁村地域には資源がないと考える人が多いが、オープン・マインドで見方をいろいろに変えてみると、資源になりうる「宝」は足もとに多数発見される。たとえば、ある産業の廃棄物が他産業の貴重な資源に転化したり、過疎地域で無価値に見えるモノが、都市地域にとって貴重品になっている事例は多い。このように目線・発想を変えれば、過疎地域にも経営資源は無尽蔵にある。

この資源を「発掘」、「発見」したならば、それを活用し、さらにはそれを広くアピールすることである。どんなに良い資源でも、活用・宣伝が不十分だと埋没してしまう。

現在はICTの時代であり、オープンなWebマーケティングなどを有効に使用すると、過疎地域で立ちあげた起業でも、国内外において大きな成果をあげ、知名度を向上させ、ブランド化することができる。

(2) 重要資源としての住民と「地域個性」の創出

「地域の活性化」や「地域イノベーション」を行う主役は、結局は、個々の住民であるから、地域資源のなかでも、住民という人的資源がもっとも重要である。そのために人材不足とされる地域でも、Uターン、Iターンによる若者の移住・定住を促進するさまざまな政策を推進している。

また、それぞれの地域のもつ「個性」（キャラクター、パーソナリティ）を明確にし、その魅力を広くアピールすることが求められる。つまり「地域アイデンティティ」の確立である。

現在、政府は総括的で一律的な地方創生の施策を講じているが、地域はその特性をしっかり認識しつつ、主体性を発揮し、重点を明確にして「地域アイデンティティ」の選択・決定を行い、独自の「地域個性」を創造する必要がある。これまで政府が展開してきた政策には多くの失敗事例があり、地域の側が自主的・主体的に意思決定を行い、みずからの地域個性を発揮することが大切である。

第5節　まとめ

「生き学としての経営学」の基本的な視点は、ワーキング・スタイルが多様化するなかで、「雇われて働く」生活にこだわらず、自律的に働き生きる立場から企業や経営を考察することである。本書では、これを農山漁村地域・過疎地域を舞台にして検討してきた。

これらの地域で、仕事がなければ起業するなど、みずからが仕事を創出し、自律的に働き生きること、それを通じて「地域の活性化」や「地域づくり」に参画・貢献することが生き方のひとつの選択肢になる。

そして「地域の活性化」は、ひとりひとりが地域で自律的に働き生きることで「生きがい・やりがい」や「人間らしい生活の質を向上」させること、そのことを通じて地域社会を再生・発展させることを意味している。

農山漁村地域は衰退・疲弊しているとされるが、他方において、地域産業には「自

NOTE

立的な志向性」が明確に見られている。地域資源を活用した特産品やブランド品づくりが活発化しており、地域は働き生きるためのチャンスの場になっている。

　しばしば「自分が住んでいる地域には資源がない」とされてきたが、見方・考え方を変えれば、地域資源は無尽蔵であるといってよい。このような地域資源を活用して、地域は自立的に存続・発展することが求められおり、それは地域住民の参加・関与によって独自の「地域個性」を創ることでもある。

┌─《One Point Column》─────────────────────

地方自治体による地域づくり戦略のポイント

地方自治体が地域づくりの戦略をつくる際には、地域の現状分析をしっかり行うとともに、住民の意見を十分に尊重しなければならない。作成した戦略は模倣ではなく、その地域だけのものにする必要がある。

NOTE

(1) 本章の内容を要約してみよう。

(2) 本章を読んだ感想を書いてみよう。

(3) 説明してみよう。

① 「自然災害」の頻発の原因とは、なんでしょうか。

② 都市地域の発展と農山漁村地域の衰退の関係とは、なんでしょうか。

③ 「オープン・マインド」の重要性とは、なんでしょうか。

(4) 考えてみよう。「人間らしい生活の質」という観点から、「都市地域の生活」と「農山漁村地域・過疎地域の生活」とを比較して、それぞれのメリットとデメリットを考えてみよう。

(5) 調べてみよう。あなたが所属している、または関心のある大学は、地域に貢献する人材の育成をどのように行っているか、調べてみよう。

経営学のススメ⑩

農山漁村地域の良さを再認識しよう！

　歌手・新沼謙治（岩手県出身）の作詞・作曲による「ふるさとは今もかわらず」という歌がある。それは新沼自身が歌う"ふるさと賛歌"である。歌詞の１番は、自分のふるさとは自然を感じさせる緑豊かな地域であることを示し、２番と３番は、そのような緑豊かななかで、友情や人間関係を育んできた心の場であったとしている。そして、１番から３番までの終わりを、「緑豊かなふるさと　花も鳥も歌うよ　君も　僕も　あなたも　ここで生まれた（１番）・育った（２、３番）　ああ　ふるさとは　今もかわらず」で結んでいる。

　この歌詞は、自分たちが生まれ育ったわが国の農山漁村地域は緑豊かなふるさとであると表明している。花や鳥のほかに、朝もや、川、風、草、青空、山並みなどの言葉が使われている。さらにいえば、きれいな空気、人の手が入った田畑や森の緑、夜空に輝く星などが加わるのであろうか。

　これらの言葉は農山漁村地域がもっている固有の価値であり、大都市が喪失してしまった良さである。"働く場が少ない"、"働く場があっても、所得が少ない"、"都会のような便利さや刺激がない"、"公共交通が不足している"などと弱点が指摘されてきたが、一方、大都市にはこの緑豊かなふるさとの要素はきわめて少なくなっている。大都市で暮らしている人びとが得たものと引きかえに、失ったものは大きい。人間には緑豊かなものは必要であり、大都市の「人工的」なものだけで生きることはできない。

　新沼の歌詞にはもうひとつ大切な言葉が入っている。緑豊かなふるさとは自分たちが生まれ育ったところであり、たがいに力を合わせて生きてきた場所であるとしている。そこには相互の信頼と協働に基づいた濃密な人間関係が存在しており、仕事中心の大都市生活者の人間関係とは明らかに異なっている。相互の信頼と協働を土台にした人間関係が農山漁村地域のもうひとつの重要な良さなのである。

　新沼の"ふるさと賛歌"はこのような農山漁村地域の良さだけを表現している。しかし、現実には「俺（おら）東京さ行ぐだ」（吉幾三）の歌のような、多くの人びとが東京に希望をいだいて移り住み、東京一極集中に見られる都市化（過密化）が顕著となり、他方で、農山漁村地域では人口減少（過疎化）が進展してしまったのである。青森県出身の吉は、都会にある便利なものが農山漁村地域にはないとし、その弱点を自嘲的に歌詞にしている。

　近年、ふるさとに戻るＵターンや、まったく縁のない地域に移住するＩターンなどの希望者が増えている。「出身地だから」Ｕターンするのではなく、緑豊かな地域で

ゆったりとした生活を送りたいと思っている人びとが生まれている。それは農山漁村地域の良さを失ってしまった大都市の生活がいやになったり、田舎暮らしのほうが自分に合っていると思い始めている人びとが増えていることを意味している。

　現在では農山漁村地域でも車をうまく使えば、生活にあまり不便を感じない。車を使えない高齢者などには困難がともなうが、道路は整備され、混雑が少ないので、買い物は容易にできるし、各種の施設が整備された地域の中核都市へのアクセスもそれほどむずかしいものではない。その点では、日々の通勤に多くの時間がかかる大都市生活者のほうが不便かもしれない。

　そうであるなら、問題は"働く場がない"、"働く場があっても、所得が少ない"ことにある。たしかに、現状では働ける場は少ないが、仕事を自分でつくって働く場を生みだすという考え方に転換すれば、状況は大きく変わってくるであろう。

　そのひとつとして、起業という方法がある。たとえば、身近にある地域の資源を活用して、それに付加価値をつけた新たな商品やサービスを開発し、ネットで情報を発信すれば、ある程度の顧客を獲得できるであろう。また、「ナリワイ（生業）」ともいわれる身近な生活のなかから生まれる小さな仕事や小商い（こあきない）をいくつかもつことができれば、地域で生活するのに十分な所得を得られる。かつて、小規模な農家が本業の農業に関連した副業を行っていたが、それと同じような働き方である。

　さらに、インディペンデント・コントラクター（IC、独立請負人）となり、地方に移住して、ネット上で仕事を受発注するクラウド・ソーシングも台頭している。IC は起業した自営業者であり、発注を受けた相手先との間に請負関係はあるが、雇用関係はない。このように、IC として地域で起業して仕事を行えば、所得を得ることができる。なお、IC については、本シリーズ第２巻で取りあげているので、それを参考にされたい。

　わが国の国土の３分の２は、よく知られているように、「山」であり、「森林」である。つまり、新沼がいう「緑豊かなふるさと」なのである。そして、そこには大都市にないすばらしい良さがある。歌詞は３番の最後を「ふるさと　未来へ　続け…」と結んでおり、これはまさに、農山漁村地域の自立と発展への願いを表現している。

（設問１）　農山漁村地域の良さをまとめるとともに、あなたがとくに評価したいと思うことをあげてみてください。
（設問２）　よくいわれてきた農山漁村地域の弱点は、現在も弱点であると思いますか。

経営学のススメ⑪

地域経営学を学ぶために

　「地域経営学」の創造は始まったばかりである。本書は「生き学」の立場による「地域づくり戦略」（第3巻）であり、衰退しているといわれる地域が個人にとって働き生きる絶好の場になっていることを主張してきた。

　さて、経営（マネジメント）にはいろいろな意味が含まれるが、そのひとつに、研究対象を観察したり分析した結果、それに問題があるとすれば、その問題をなんとかして前向きに解決しようとすることがある。つまり、経営学は問題解決に志向するという考え方をもっている。

　地域経営学においてもこれは大切であり、地域が疲弊・衰退しているとすれば、それをなんとかしなければならない。

　つぎに考えたいのは「地域の多様性（ダイバーシティ）」である。これを教えてくれたのは、日本の民俗学のパイオニア・柳田国男である。彼の『青年と学問』（日本青年館、1928年）は90年前の著作であるが、研究対象の単位として「郡」（ぐん）の有効性を主張している。県では大きすぎ、とはいえ日々の生活圏というべき部落では細かすぎるとし、とりあえず郡を単位にすべきであるという。現在、基礎自治体としての「市」が平成の大合併の結果非常に広くなり、「町」と「村」で構成される郡が少数となったために、郡の意味は減少している。しかし、本書がイメージする地域は柳田のとらえ方と同じように、都道府県と生活圏という小規模な地区の中間的なものである。

　そして、地域はそれぞれに異なっている。北海道と東北では収穫される農水産物はまったくちがっているし、また日本海岸と太平洋岸でもとれる魚はちがっている。そして、同じ狭い地区といわれるところで、気候もとれる農作物がほぼ同じでも、川の上（かみ）と下（しも）ではかかえる問題はちがっている。さらに、権力をもった有力者がいるところと、比較的民主的に運営されているところでもちがいが生じるとしている。つまり、柳田によると、農山漁村地域といっても一様ではなく、それぞれに異なっている。これも、地域経営学を学ぶ際の心がまえになる。

　これに関連して、柳田はもうひとつのことを教えている。「学問は書物のなかにあり」と考えるようでは、農山漁村地域の明るい将来は描くことはできない。社会科学においては、東京といった「中央に向かっての学問上の屈従があった。西洋からもってきた経済の学問また法律論などにおいては、いまやほとんど忍ぶべからざる中央集権がある。都会とその周囲の平地から遠く離れて行くにつれて、いわゆる学理と実地との間にはだんだんに開きが大きくなり、書物の信者たちはしばしば信じがたいことを信じさせ

られている」（185頁）とまでいい切っている。柳田のこの発言に、経営学はどのように応えることができるであろうか。

　経営学は東京などの大都市に本社をおく、工業製品をつくる大企業を主な対象にして構築されてきたが、はたして地域づくりにどのように貢献できるのかという懸念をもった。これも地域経営学を学ぶ際の心がまえとして必要になろう。

　さて、本書では、企業誘致政策によるこれまでの地域づくりに限界が生じた結果、それにかわって、地域がもっている地域資源を発掘・活用して、地域の誇りであり、宝となる特産品やブランド品をつくりだし、そのなかで「自立的な志向性」を見せていると主張してきた。そして、この志向性と農山漁村地域にこそチャンスの場があると考える人びとによって、地域の疲弊や衰退はくいとめることができると考えた。

　この点で再評価したいのは、1920年代半ば（大正の末期から昭和の初期）に展開された「民芸運動」である。これはこの運動の父・柳宗悦を中心にして、陶芸家の濱田庄司、河井寛次郎、バーナード・リーチらが提唱したムーブメントである。

　柳らは地域の名もない人びとがつくった生活道具は、いわゆる「美術品」ではないが、つくった人の手のぬくもりを感じさせる、なんともいえない美しさをもっていると主張した。かれらは日本各地で収集した「民芸品」（1,500種、約2万点）を展示した日本民芸館を1936（昭和11）年に東京の駒場に創設している。

　さて、本書の第4章から第9章において、農山漁村地域が地域にある資源を活用して、独自の特産品やブランド品をつくる活動を展開していると述べた。その活動で見えてくるのは、地域が自分たちの力で地域の再生や活性化をはかっていこうという強い「自立的な志向性」のマインドをもち始めていることである。それにより産地間の競争もはげしくなっているが、それは新たな地域の誇りとなる「宝」が日々生みだされていることを意味する。

　特産品やブランド品のほとんどは地域の宝といえる「伝統工芸品」であるが、「自立的な志向性」が強まるなかで、多様なかたちのモノづくりが進展して新たな宝が創造されている。このように、新たな宝の発見・創造によって地域の自立性を支援することが、地域経営学を学ぶもうひとつの心がまえとなる。そこには、かつての民芸運動と同じような姿勢が必要であろう。

（設問1）「地域の多様性（ダイバーシティ）」とは、どのようなことを意味しているのか検討してみてください。
（設問2）　あなたが知っている特産品やブランド品としては、どのようなものがあるかを考えてみてください。

グロッサリー （用語解説）

あ行

「生き学」としての経営学

　一般に経営学は、企業目的の達成ために、いかにヒト・モノ・カネ・情報などの経営資源を確保・調整・活用するか、その仕組み・原理・原則・特質・法則性とはなにか、などを探求する学問として発達してきた。したがって、マネジメント（経営）する側にとっては、経営学はきわめて重要な知見・英知であり、少なくない人びとがその学習に励んでいる。

　しかし、企業で働く圧倒的多数派の人びとはマネジメントされる側であり、かれらはごく限られた職務を遂行して企業でのキャリアを終えている。つまり、圧倒的多数派の人びとにとっては、企業とは自分に割りあてられた仕事を遂行した場合、生活するために必要な給与・賃金を支給してくれる組織であり、また好きな仕事ができる時には生きがい・やりがいを得られる組織でもある。つまり、かれらにとって企業は自分の働き方や生き方を大きく左右する組織であって、マネジメントする対象ではない。

　また終身雇用慣行が消滅して「労働移動の時代」になり、企業を頼りにして生きることができない現代では、個々人は自分の価値観・職業意識・人生観を明確にして企業経営に対峙したり、関与しなければ自己を見失うことになる。

　このように個々人のキャリア開発の立場に立ちつつ、各自の「生活の質の向上」の観点から、企業・経営の諸問題を考察するのが「生き学としての経営学」である。それはこれまでの通説の経営学の考え方とは根本的に異なってい

る。（第1、2、3、10章）

イベントと商店街

　いろいろなイベントを行って、人を呼びこみ、来街者を増やすことは大切である。問題は来街者が個々の店舗に入って実際に商品を購入する来店者になるかということである。人は集まってきたが、消費者になってもらわないと、売上高の増加にはつながらない。そこで、どうしても個々の店舗が工夫と努力を行い、来店者を増やすようにしなければならない。（第8章）

お土産

　本文には書かれていないが、有名なお土産（おみやげ）は地域ブランドの典型である。本文中の京人形、京扇子、京菓子、京野菜などは京都土産の代表になっている。全国各地にお土産品があり、それは地域イメージ・ブランドづくりにも役立っている。（第5、9章）

か行

企業城下町

　釜石市は旧・新日鉄という特定の大企業が企業活動だけでなく、地域住民の生活環境など、いろいろな面で町を支えてきた。これが企業城下町である。わが国にはこのような企業城下町といわれる地域がある。著名なのは、豊田市や日立市であるが、他にも多くある。（第7章）

減反政策

　第二次世界大戦後、主食のコメは不足しており、わが国の食生活にはきびしいものがあって、増産が図られてきたが、1960年代以降、国民の生活が豊かになるとともに、食生活も変化し、コメ余りが発生した。国は、コメの需要が減少するなかで、コメ価格を維持するために、生産量をおさえようと1971年から減反政策をとってきた。つまり、田植えが行われない田んぼが多く見られたのである。しかし、この政策は2018年から中止される。（第4章）

工業生産に見られない農業の特性

　自然に左右されることの多い農業は、工業とくらべて生産性が低いという。たしかに、そうである。しかし、農業を単純に工業と同じような視点で見ることはできない。もっとも大きな

ちがいをあまりに強調すれば、農業は人間は自然に対して無力なので、その力にはかなわないものだということになってしまう。（第6章）

後継者育成

中小零細業での後継者育成は、むずかしい。しかし、これらの企業を強化させるためには、補助金や助成金を提供するよりも、後継者を育成することのほうが大切であり、とくに、経営の知識を身につけさせ、経験を積ますことが求められる。大企業でも「プロの経営者」（専門経営者）は力を発揮しており、注目されているが、これは小さな企業にもあてはまる。（第7章）

コト体験

従来からの見る、食べる、あるいはモノを買うのほかに、実際に感じる、体験する"コト"が観光にとって大切になっている。とくに、外国人観光客が急増するなかで、コト体験の増加が目立つようになっている。農山漁村地域の観光開発においては、滞在・交流型観光ができるか、だけでなく、どのようなコト体験ができるか、を検討することが求められている。見る、食べる、買うとともに、"やってみたい"という経験価値を重視している人びとが増えている。そのためには本文にあった「民旅」（みんたび）の実行が不可欠である。（第9章）

雇用形態の多様化

雇用の形態はさまざまであるが、大別すれば正規雇用と非正規雇用とに区分される。かつて正規雇用者が圧倒的多数派を占める時代もあったが、近年の規制緩和のなかで契約社員・派遣社員・アルバイトなどの非正規雇用者が増加して、被雇用者（雇われて働く人）の約4割を占めるに至っている。

契約社員とは定められた期限の範囲で雇用される者であり、また派遣社員とは人材派遣会社に雇用されそこから派遣されて派遣先（企業、会社など）の指揮管理のもとで働く者である。このように雇用形態を多様化することで「雇用調整がしやすい」状況が生みだされるが、働く側からいえば「不安定雇用の創出」である。（第1、2、3、10章）

さ行

産業構造の変化

産業は第一次産業、第二次産業、第三次産業などに分類されるが、産業の分野別の比重の大きさは、それぞれの国の経済環境により異なり、またそれは変化する。一般に途上国では農林水産業の比重が大きいが、先進国では卸売・小売、運輸業、情報通信、金融保険業、サービス業の比重が大きい。同じ先進国の同じ産業分野でも、経済活動のグローバル化や通信・情報・生産の技術開発などの影響により、同一産業内の構造の比重が大きく変化する。その結果として全社会的な規模で「余剰人員」と「必要人員」の雇用調整が進み、労働力市場は国際的な規模で流動化する。（第1、2、3、10章）

事業再構築

「リストラクチュアリング（リストラ）」のことであり、もともとは構造や組織をつくり直すことを意味する。社会全体の産業構造が変化したり、新しい技術が開発されたりすると、個別企業としては環境適応のために事業構造を変更して生き延びるしかない。つまり、不採算部門からは撤退し、また新規部門に参入したりする。その結果、企業内の「不要」「余剰」な人材は外部に輩出され、同時に「必要」「不可欠」な人材は外部から調達・投入される。環境変化・技術変化が激しい時代には、個別企業は生き残りのために頻繁に事業再構築を行うことになり、その結果として社会全体の「労働力市場を流動化」させ、「労働移動」を促進させる。（第1、2、3、10章）

自己実現

自分の潜在能力を引きだし、または価値観を実現して、新しい自分を生みだすことであり、「成長する」こととほぼ同義である。政治的な民主主義の成熟した社会においては、自己実現欲求（成長欲求）の充足に動機づけられて行動する人間が多いとされる。そのような社会では、自己実現人モデルを前提にした組織づくりや地域づくりが追求される。（第1、2、3、10章）

グロッサリー（用語解説）

社会起業家

地域で発生している諸問題を、ビジネスや経営的な考え方や手法を使って解決しようとする人びとのこと。かつての社会運動家は、そのような問題を政治的な手段で解決しようとしてきたが、それとはちがう方法をとっており、少なくない人びとが活動している。NPO のタイプでいうと、事業型の NPO が社会起業家になるであろう。（第1、2、3、8章）

終身雇用慣行

ひとたび企業に就職したら定年まで雇用されるという慣行のこと。「終身」とは、死ぬまでの間という意味であるが、1950 年代の男性の平均寿命は 55〜60 歳ぐらいであったから、定年までの雇用を「終身雇用」と表現することもあながち誇張ではなかった。この終身雇用慣行は、日本型経営の特徴のひとつとして永らく続いたが、1990 年代初頭のバブル経済の崩壊、そして産業構造の変化・事業再構築の進展のプロセスにおいて、一部の中核的な人材の場合を除いて、ほぼ消滅した。そして、その後の雇用形態の多様化の進展が、消滅に拍車をかけた。（第1、2、3、10章）

商店街の衰退

昭和 40 年代までは、個人商店や商店街は大都市圏の百貨店とともに発展していた。しかしその後、大型量販店（スーパー・マーケット）、コンビニ、幹線道路沿いにつくられたロードサイド店、郊外部のショッピング・モールなどの進出によって、繁華街にあった商店街だけでなく、住宅地周辺の商店街もダメージを受けて、衰退してきた。（第8章）

自律的に働き生きること

「自律」とは他の助けや支配をうけずに、自分で自分を律して（つまり抑えて）行動することである。しっかりとした考えをもって自分を律するという「セルフ・コントロール」（自己管理）の意味が自律にはある。この自律性が働き生きる際に強く求められる時代になっている。

「営業」で朝から晩まで外回りをするセールスパーソンは自己管理ができなければ仕事にならないが、オフィスで働く人にも、いま自己管理が求められるようになってきた。多くの人びとは大半の仕事・職務を情報ネットワークにつながる PC を使用して遂行しているが、そこでは関係者とのコミュニケーションはリアルタイムに行うことができるので、たとえば上司が部下を直接に管理しなくても、具体的な業務の遂行は部下の裁量にまかせたほうが、はるかに生産性も高く低コストである。このように近年の情報ネットワークの拡大とともに個人の自律性にもとづく業務遂行が増えている。その典型は、会社に出勤しなくても自宅にて仕事ができる在宅勤務であり、ここでは個々人の自律性（自己管理）が不可欠である。

これまでの日本人の働き方は、経済発展や企業成長のなかで企業に雇われて働き生きることが主流となり、キャリア形成や生活設計（ライフプラン）も「企業だのみ」（企業依存）の考え方であった。しかし、企業に雇われて働くことは決して悪いことではないが、雇われて働くことだけが働くことの意味ではなく、自営や起業など「自分で自分を雇って働く」ことも選択肢にあるという考え方を大切にすべきである。変化の 21 世紀を生き抜くためには、この考え方を大切にして、セルフ・コントロールして働き生きてほしいと願っている。このような理由から"自律的"を使っている。

本書では、"自立的"、"自立型"、"自立性"など、「自立」を多用している。それは、単純に他の助けや支配をうけずに自分の力で行動することを意味している。「自律」も「自立」もほぼ同じ意味のものであるが、意識的に"自律的"という言葉にこだわったのには、上述の理由があった。（第1、2、3、7、8、10章）

推進者（プロモーター）

地域づくりを推進（プロモート）することができる人間のことであり、触媒（カタリスト）の役割を果たしている。触媒となる人間が地域づくりに関与し始めると、その人間の影響によって地域に動きがでて変わり始める。（第3章）

生活の質の向上

人間らしい働き方や生き方のできる状態のこ

とであり、人間の生存欲求、社会的欲求、成長欲求（自己実現欲求）などがバランスよく充足（満足）できることが不可欠である。

「雇われて働く」場合には、個人の働き方や生き方の自由度は大きく制約されるが、近年において生活の質の向上を求めて、都市地域から農山漁村地域に移住し、みずから仕事を創出して自律的に働き生きる人びとが増加している。「生活の質の向上」は「地域住民の満足」（住民満足）の前提であり、内容でもある。（第1、2、3、10章）

成長神話

作れば売れる高度経済成長の時代には、企業は売上額・利益額・従業員数などが毎年のように量的に増加・拡大し、「成長」することは当然のことと考えられた。また、成長が企業の目標でもあった。

しかし、1990年代初頭のバブル経済の崩壊のあと、「大企業神話」は消失するとともに「成長神話」にも陰りが見えた。とくに2000年代初頭になり、日本の人口が減少局面に入り、労働力人口の減少や消費市場の縮小が目前に迫ると、海外に進出して事業展開する大企業は別にして、従来のように、ひたすら規模や量の拡大・成長を追求することには限界があり、それは必ずしも企業の目標になりえないことが明らかになった。（第1、2、3、10章）

た行

大企業神話

「大企業なら倒産・破産・消滅しないので安心だ」という考え方。かつて作れば売れる高度経済成長の時代には、企業は右肩上がりに成長したので、大企業の倒産は例外的であった。また、当時は終身雇用・年功序列の慣行も存在したので「大企業に就職すれば生涯安泰だ」という考え方は当然視された。

しかし、1990年代初頭のバブル経済の崩壊の過程において、大企業・大銀行がつぎつぎに破産・倒産・消滅し、同時に「大企業神話」も消失してしまった。現在では、「大企業でもつぶれる」「安心できない」「アテにできない」

ことは常識になっている。（第1、2、3、10章）

脱下請（だつしたうけ）

中小製造業は親企業の下請関係のなかで活動していることが多い。下請関係にあると、親企業から安定的に仕事を引きうけることができるが、親企業の業績が悪化したり、あるいは業績がよくても経営戦略を変更されると、直接にその影響を受けることになり、不安定なきびしい経営を強いられる。そのため、とくに親会社一社だけに頼る「一社依存の下請」から脱することを試みる中小製造業が出現してきた。（第7章）

地域おこし協力隊

過疎化した農山漁村地域に出向いて地域の活性化などを支援する若者たちのことで、地方自治体の募集に応じて委嘱を受け、おおむね1～3年間（延長可能）ほど地域にて種々の活動をする。たとえば、地域のブランド化、地場産業の開発・販売・プロモーション、都市住民の移住・交流の支援、農林水産業への従事などである。平成28年度の隊員数は約4,000人である。（第2、3、7章）

地域経営学

疲弊した地域を活性化させるために、地域のさまざまな資源（ヒト、モノ、カネ、情報など）をいかに確保・調整・活用するかを研究する新しい経営学派。とくに農山漁村の過疎化が進み、地域創生が叫ばれる今日では、きわめて重要な研究分野である。

ここで地域の活性化とは、地域住民の生活の質が向上し、そこに住む地域住民が満足を実感することである。地域住民の満足なくして住民の長期定住意識も地域貢献意欲もなく、地域の活性化もありえない。つまり、「地域の活性化」と「地域住民の満足」とは表裏一体の関係であり、同じ事象の別の表現といってもよい。

したがって、「活性化」とは公共施設の建設を重視する「ハコものづくり」でもなければ「企業誘致」でもない。それらは「地域の活性化」の目的・目標ではなく、ひとつの手段でしかない。したがって地域の発展に不可欠な条件

グロッサリー（用語解説）

とは「地域住民の満足」と「地域の活性化」の同時的な実現（統合）であり、それを住民が自立的に行うことが地域マネジメントである。

地域経営学は、行政組織学（行政経営学）と重なる部分があるが、行政組織学が地方自治体という組織の枠組みのなかで行政主導の議論であるのに対して、地域経営学の場合の「地域」は自治体の境界線にこだわらない概念であり、なによりも活性化の主体が自治体ではなくて、地域住民である点が基本的に異なっている。ここでは、あくまでも地域住民の「自立的な志向性」が前提である。（第1、2、3、10章）

地域住民の満足（住民満足）

地域住民が、各自の居住の地域において働き暮らすことにより、生活の質が向上して満足を感じることである。短く表現して「住民満足」とも言う。それがなくして地域住民の長期の定住意識や地域貢献の意欲は生まれないし、「地域の活性化」はない。

したがって、「地域住民の満足」（住民満足）と「地域の活性化」とは表裏一体であり、両者が同時的に実現することが地域発展の条件である。かつて「地域の活性化」策と称して「ハコものづくり」が追求され、その多くが失敗に終わったが、そこには「地域住民の満足」（住民満足）、「生活の質の向上」という視点が欠如していた。（第1、2、3、10章）

地域の活性化

地域住民の生活の質が向上し、住民がその地域に住んで満足を感じることを「地域の活性化」という。地域住民の満足があるから、長期定住意識や地域貢献意欲が住民に生まれ、地域が活性化するのである。地域の住民が元気に生き生きと暮らすことなくして活性化はない。

したがって、活性化の主体は、あくまでも地域住民であり、地域住民の満足が前提である。「ハコものづくり」や「企業誘致」などは、活性化の手段であっても目標や目的ではない。（第1、2、3、10章）

地産地消

地域で生産したものを、その地域で消費すること。農作物でも水産物でも、とれたところで消費するのが一番おいしい。新鮮な状態で安価に消費できるのが、最大のメリットである。地消をはるかに上まわるものが収穫される場合には、当然のことながら、大都市などの他地域に供給される。この「地消」は地域に収益をもたらすが、地消だけを目標とするのでなく、地消して地元で楽しむことが大切である。（第4章）

チャンス

「いい機会」のことである。もともとは出来事のことであり、偶然とか、幸運をさしている。本文では「チャンスの場」としているから、いい機会を与える状況を意味している。もっとも、チャンスにはリスク（危険）の意味もある。いい機会であり、幸運をもたらす可能性は高いが、リスクがないわけではない。チャンスは見逃さず活かしていくという志向性（情熱とエネルギーの投入）が大切である。（第2、4章）

ちょい呑みフェスティバル

神奈川県藤沢市から始まった夜の飲食街の活性化をねらったものである。たとえば、2,500円の3枚つづりのチケットを購入すると、参加している3つの飲食店でアルコール・ドリンク1杯と、その店の自慢の1品を楽しめる。気軽に飲み歩き、つまり「はしご酒」ができるが、このイベントでは飲食店間の協力が大切になる。（第8章）

鎮守の森

鎮守とは、地域を守る神や神社のことをいい、そのような神社のある場所をいう。地域住民はこの神社を大切にして生活してきた。そして、祭りも当然行われてきた。しかし、大都市への人口流出のなかで、地域の人口が減少し、鎮守の森を守ることができなくなっている。（第1章）

つくる漁業

日本は海の幸で支えられてきたが、水産資源の不漁や枯かつ化などの環境条件の変化のなかで、つくる漁業の重要性が主張され、実施に移されている。大学では、近畿大学がマグロの養殖で有名になったことは、その一例である。（第6章）

な行

二地域居住

パラレル・キャリアなどが進むなかで、ふたつの地域に住み生活している人びとのこと。たとえば、都市地域でビジネスを行い、休日などは農山漁村地域で農業などに従事するライフスタイルである。（第2章）

日本列島

「経営学のススメ⑤」では、日本列島は山（森林）と島からなるとした。しかし、これ以外に主にどのようなものがあるのか。山といえば川であり、川の存在は無視できない。「治山治水」（ちさんちすい）の治水（みずをおさめる）は、洪水対策の重要性を示してきたが、川は山とならんで日本人の生活にとって大切であった。また、「山川草木」（さんせんそうもく）ともいわれ、山と川だけでなく、植物もある。緑（グリーン）はだれにとっても不可欠であるが、なかでも日本人にとって桜は大切である。工業製品を多く生産してきた太平洋沿岸の工業ゾーンだけで日本列島を見ることはできない。（第5章）

ニューエントリー

新規の参入業者のことである。本文でも書いたが、農林業や水産業の分野では、参入規制が緩和されることにより、これまでかかわってこなかった個人や法人がこの分野に進出して、活動ができるようになっている。農業では、大企業もビジネス・チャンスと見て参入し始めている。（第6章）

ネットワーク資源

地域内にとどまらず、地域外でもだれとでも交流し、関係をつける能力をもつことであり、地域においてこのような資源をもつことで、いろいろな情報を獲得したり、チャンスを見つけることができる。ICTの現代において、この資源を利用できる地域にはいろいろなチャンスが生まれ、地域の存続・発展の可能性が大きくなる。（第4章）

農業生産法人

農業はこれまで個人経営が一般的であり、家族が中心になって農作業にあたってきた。農地があまり広くなく、農業による収益だけでは家計が維持できないことから、農業をやめたり、「兼業農家」の比率が高くなった。

しかし、専業農家でも担い手が高齢化し、日本人の食生活を支える農業を維持することがむずかしくなってきている。このようななかで、新たな農業を目ざして農業生産法人が全国各地に設立されるようになった。（第4章）

農商工連携

地域にある農業、商業、工業の関係者が協力関係をつくりながら地域の特産物をつくる活動であり、「六次産業化」といわれているものはその例である。しかし、連携の相手はこれ以外にも、いろいろなものがある。NPO法人や社会福祉法人、大学などと産業関係者の連携も実際には行われている。（第5章）

は行

ハコモノ

一般には公共的な建物（文化施設・スポーツ施設など）のことであるが、主に地方自治体などが住民の地域満足を向上させるために公的資金を使って建設したものの、あまりうまく利用されなかったり、特定の人しか利用されずに、「無用の長物」になってしまったものを指している。"立派すぎる"、"費用がかかりすぎる"などの批判も行われてきた。あの首長（市町村長）は"ハコモノづくり"だけに熱心であったという言い方には、このような意味が含まれている。（第2、9章）

パラレル・キャリア

副業や兼業のように、複数の仕事をもって働き生きる人びとのこと。パラレルは並行しての意味で、ちがう仕事を同時に行う人びとを指している。（第2章）

半農半起業家

農業に従事しながら、他方で自分のやりたい仕事や趣味などを行って生活している人びとのこと。農山漁村地域の豊かな自然のなかで働き生きていこうという人びとに、このような選択が行われている。（第2、3章）

グロッサリー（用語解説）

ビジネスモデル

どのようなビジネス（事業）を行うのか、そのためにどのような経営（マネジメント）を行うかについての考えを明確に示すもので、ビジネスをスタートさせたり、ビジネスを再構築しようとするときには、このような考えをしっかりもっていなければならない。

人間がなにかを行おうとするときに、なにを目標にするのか、どのような方法・手段で目標を達成していくかを具体的に検討して進めるが、それとまったく同じことである。本文の「とくし丸」の事例で、ビジネスモデルを再確認してみよう。（第8章）

ブランド

もともとは家畜（牛や馬など）の身体や陶器の裏面に、自分のものであることを示す焼き印をおすことにより、所有者や製造者の氏名を明らかにすることを意味している。つまり、ブランドによって自分のモノ（所有物や生産物）と他人のモノを区別することができる。

ビジネスの場合には、提供する商品やサービスが他社のものと異なることを固有のイメージの商標・マーク・デザインなどを通じて明確にする。単に高級品という意味で使用されることもある。（第5章）

プロボノ

高度な職業上の専門能力をもつプロ（プロフェッショナル、専門職）が仕事のあい間を使って行うボランティア活動のことであり、サービスを受ける側は、かれらのもつ専門家としての知識やノウハウを利用することができる。（第3章）

平成の大合併と地域観光

平成の大合併によって市町村名が変わり、これまでの地名がなくなったところも多い。そして、合併によって、地理的には拡大している。文化・歴史・風土が異なっているので、地域的な一体感を住民の間でつくりあげることが大切であるが、それには、かなりの工夫と努力が必要となる。

同じ自治体になったが、それぞれの地区で祭りや伝統的な行事が行われている。このような

なかでは、地区のものを大切にしながら、他方で地域全体のものにも目くばりをしながら、「郷土愛」をつくっていくことが重要であろう。地域観光の振興にあたっては、このことを前提にしなければならない。（第9章）

ま行

孫ターン

親の世代が農山漁村地域から都市地域に移り、そこで仕事や家庭をもち定住してしまったが、その子どもたちが親の生まれ育った地域に移り住み、そこで働き生きること。（第3章）

まちゼミ

三重県松阪市からスタートした商店街活性化の方法である。個々の店主が自分の店舗の沿革、とり扱っている商品などを地域の利用者に対して説明するもので、店舗内で少数の人たちを対象にして行われる。さまざまな業種の店舗が定期的に行うことで、利用者は店舗や商品のことを理解できるようになり、店舗や商店街との関係が深まっていくことになる。（第8章）

間引（まび）く

農薬や化学肥料を使うと、除草や駆虫が可能になって、動植物を根絶やしにすることができる。人間の手による「間引く」には、適切に除草や駆虫することで、動植物と人間の共生（シンバイオシス）を図るという思想がある。しかし、人間の手が入らず、「間引く」ことが行われなくなると、そこは動植物だけの世界になってしまう。農山漁村地域の衰退は、いうまでもなく、このような人間の手が入らないことをも意味している。（第6章）

モノづくり

工業製品の開発・製造だけがモノづくりではない。わが国は第二次世界大戦後の高度成長のなかで、工業製品づくりに大きな力を発揮し、工業先進国として「世界の工場」のひとつになった。そして、現在も工業製品づくりでは「リーディング・カントリー」（主導的な国）のひとつである。しかし、本文で書いたが、モノづくりは、これを越える多様性をもったコンセプト（考え方）である。（第7章）

や行

ユルキャラ

　「ゆるいマスコットキャラクター」の略語である。本文では「三浦ツナ之助」をあげたが、「くまモン」をはじめきわめて多くのユルキャラが開発されてきた。そして、ユルキャラをもつ大学もある。ただし、多くが開発されたので、後発のものはあまり注目されることがなく、効果を発揮していない場合も見られている。(第9章)

ら行

労働力市場の流動化

　高度経済成長時代の企業では終身雇用・年功序列の慣行が支配的であったから、企業内の人事異動はあっても、個人が定年を待たずに社会的な労働力市場を介して、他企業に移動することはなかった。

　しかし、1980年代の低成長時代になって、労働移動が部分的に始まり、さらに1990年代初頭のバブル経済崩壊後の産業構造の変化や事業再構築の進展は、全社会的な規模での雇用調整を促進し、労働市場は大きく流動化し、少数の中核的な人材（コア人材）を除いて労働移動の時代に移行した。(第1、2、3、10章)

さらに進んだ勉強をする人のための読書案内

齊藤毅憲・渡辺峻編著（2016）『個人の自立と成長のための経営学入門―キャリア戦略を考える―』文眞堂

齊藤毅憲・渡辺峻編著（2017）『自分で企業をつくり、育てるための経営学入門―起業戦略を考える―』文眞堂

高知工科大学マネジメント学部編（2010）『地域活性化のためのビジネス方法論』高知新聞社

桂信太郎・那須清吾・永野正朗著（2015）『地方のための経営学―高知発、地域ビジネス創造から事業化へ―』千倉書房

渋谷往男著（2009）『戦略的農業経営―衰退脱却へのビジネスモデル改革―』日本経済新聞出版社

山下一仁著（2010）『企業の知恵で農業革新に挑む！―農協・減反・農地法を解体して新ビジネス創造―』ダイヤモンド社

石栗伸郎著（2016）『自治会・町内会の経営学―２１世紀の住民自治発展のために―』文眞堂

渡辺峻（2017）『生協組織をもっと元気にするためのやさしい組織論入門』文眞堂

磯木淳寛著（2017）『「小商い」で自由にくらす―房総いすみのDIYな働き方―』イカロス出版

友原嘉彦編著（2017）『女性とツーリズム―観光を通して考える女性の人生―』古今書院（第二部の「観光地を担う女性たち」）

『中央公論』（2015）「脱「地方消滅」成功例に学べ」（2月号の特集）

『AERA』（2018）「人口増やしたスーパー公務員　大特集・地方創生」（2月19日増大号の特集）

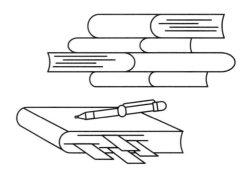

索　引

欧文略語

CSR　35
JA（全国農業協同組合、全農）　47, 115
MICE（マイス）　111
SNS（ソーシャル・ネットワーキング・サービス）
　16, 20, 64, 106, 120

あ

Iターン　4, 30
空き店舗　100
アグリテック　74
生き学としての経営学　128, 143
一村一品運動　116
一店逸品運動　105
移動スーパー　101
イノベーション　47, 48
イベント　8, 13, 18, 62, 105, 111, 114
イベントと商店街　143
今治タオル　35
海の幸　78
奥美濃カレー　63
オープン・マインド　133
お土産　143

か

開放性の文化　29, 56, 133
買物弱者　100
買物難民　7, 20, 100
過疎・過密の二極化　130
カタリスト　41
川俣シルク　49, 89
観光効果　125
観光資源　50, 114
観光人材　120, 121
観光ボランティア・ガイド　121
企業城下町　90, 143

基礎自治体　43, 61
希望をもてる産業　130
ぎょうざの街　116
行政主導型の地域づくり　14
行政的資源　55
郷土愛　9, 41
クラウド・ソーシング　17
クラウド・ファンディング　17, 23, 36, 120
グリーン・ツーリズム　115, 116
グローバル人材　23
経営（マネジメント）人材　20, 92
経済的生活　5
減反政策　46, 143
工業生産に見られない農業の特性　143
工業製品　90
後継者育成　144
耕作放棄地　77, 84
交通弱者　7, 20, 101
こだわり農産物　77
コト体験　117, 144
雇用形態の多様化　144

さ

祭事　8
里山　50
産業構造の変化　144
産業的資源　55
シェアビレッジ　97
自然災害　84, 130
自然的資源　55
島　69
島根県海士町　30
社会起業家　145
社会的生活　5
シャッター通り　100
収益のあがる農業　46
終身雇用慣行　145
小規模企業　44
商店街　20
商店街の衰退　145
消滅可能性都市　29, 34
昇龍道プロジェクト　119
食の観光　116
事業再構築　144
自己実現　22, 37, 144
自己実現人　31
地場産業　88

索　引

地場産業の再生　44
ジビエ　69
「自分が住んでいる地域には資源がない」　55, 135
地元　3
住民という資源　55
住民の心配ごと　13
自立型モノづくり　87, 91
自立的な志向性　44, 46, 114, 129, 142
自律的に働き生きること　145
推進者（プロモーター）　33, 34, 41, 45, 56, 97, 145
ストロー効果　21
スマート農業　73
スマート林業　48, 74
生活インフラ　7, 20
生活圏　13
生活の質　3
生活の質の向上　145
成長神話　6, 146
関（せき）アジ　61
攻めの農業　47
創発型の地域づくり　14, 57
ソーシャル・ビジネス　7, 21, 103

た

滞在型・参加型観光　119
宝は田から　83
たたら製鉄　49, 118, 119
食べ歩きによる観光　61
食べる通信　97
大企業神話　6, 146
大都市問題　132
脱下請（だつしたうけ）　91, 146
地域アイデンティティ　9, 134
地域イノベーション　134
地域おこし会社　118
地域おこし協力隊　17, 23, 32, 92, 98, 146
地域経営学　2, 146
地域個性　9, 134
地域産業　43, 129
地域資源　34, 45, 55, 58
地域資源の活用　44
地域住民の貢献　3
地域住民の満足（住民満足）　3, 132, 147
地域団体商標制度　59
地域の活性化　147
地域の多様性（ダイバーシティ）　141
地域ブランド　58, 59, 60, 61, 64, 88

地域力　130
地産地消　51, 87, 93, 147
知多前（ちたまえ）　45
地方自治体　135
チャンス　22, 147
ちょい呑みフェスティバル　105, 147
鎮守（ちんじゅ）の森　8, 147
つくる漁業　48, 73, 86, 147
伝統工芸品　49, 88, 142
特産品　45
とくし丸　101
トップダウン型の地域づくり　41
とる漁業　86

な

二地域居住　148
日本列島　148
ニューエントリー　148
ネットワーク資源　55, 148
農協（JA）　87, 97, 103
農業女子　72
農業生産法人　47, 72, 148
農商工連携　60, 148
能登丼　60
のなこ（野菜粉）　75

は

ハコモノ　20, 37, 148
働く場の創出　5
パラレル・キャリア　18, 148
半農半起業家　18, 30, 148
日高見の国　76
人を地域に呼びこむ　50, 114
ビジット・ジャパン　125
ビジネスモデル　90, 101, 149
姫路おでん　63
富士宮やきそば　62
フルーツ魚　48
ブランド　149
ブランド米　47
文化的生活　5
プロボノ　35, 149
平成の大合併と地域観光　149
牧畜業　79
ボトムアップ型の地域づくり　41

索　引

ま

孫ターン　30, 149
まごの店　41
増田レポート　29
まちゼミ　105, 149
町並み　50, 106
マネジメント　2, 33
間引（まび）く　149
道の駅　63
民芸運動　142
民旅　118
民謡　84, 107
木材クラウドシステム　72
木材トレーサビリティシステム　72
モノづくり　85, 149
モノを売る仕事　99

や

柳田国男　141

柳宗悦　142
山　69
山の幸　78
Uターン　4, 30
ユルキャラ　116, 150
余暇時間の充実　6
ヨソ者、若者、バカ者　33

ら

リノベーション　21
林業女子　48, 78
歴史的資源　50, 55
労働力市場の流動化　150
ローカル人材　23
六次産業化　60, 75, 76

わ

ワークライフバランス　6, 132

編著者紹介 （五十音順）

齊藤 毅憲 （さいとう たけのり） 第1、4、7、10章担当
横浜市立大学名誉教授・客員教授、商学博士

渡辺 峻 （わたなべ たかし） 第1、7、10章担当
立命館大学名誉教授、経営学博士

著者紹介 （五十音順）

飯嶋 好彦 （いいじま よしひこ） 第5、9章担当
東洋大学国際観光学部教授、博士（経営学）

宇田 美江 （うだ みえ） 第2章担当
青山学院女子短期大学准教授

木村 有里 （きむら ゆり） 第3章担当
杏林大学総合政策学部教授

杉田 博 （すぎた ひろし） 第6章担当
石巻専修大学経営学部教授

長谷部 弘道 （はせべ ひろみち） 第7章担当
杏林大学総合政策学部講師、博士（社会学）

馮 晏 （ヒョウ イェン） 第8章担当
横浜市立大学非常勤講師、博士（経営学）

新しい経営学 ③
農山漁村地域で働き生きるための経営学入門
──地域住民の満足と地域づくり戦略──

2018年6月30日　第1版第1刷発行		検印省略

編著者　齊　藤　毅　憲
渡　辺　　峻
発行者　前　野　　隆
発行所　株式会社　文　眞　堂
東京都新宿区早稲田鶴巻町533
電　話　03（3202）8480
ＦＡＸ　03（3203）2638
http://www.bunshin-do.co.jp/
〒162-0041 振替00120-2-96437

印刷・モリモト印刷／製本・イマヰ製本所
© 2018
定価はカバー裏に表示してあります
ISBN978-4-8309-4990-6 C3034